科学者の研究倫理
化学・ライフサイエンスを中心に

田中智之・小出隆規・安井裕之 著

東京化学同人

ま え が き

　本書のテーマである研究倫理とは，研究者が専門家として社会に対する責任を果たすうえで欠くことのできない "姿勢" のことである．したがって，研究倫理を学ぶうえでは，研究活動とはどのようなものか，その全体像を理解することが必要である．しかし，これまで，わが国の大学や大学院において，研究倫理を身につけるための包括的なカリキュラムが十分に提供されてきたとは言いがたい．単発の講義や e ラーニングの受講の効果については疑問も呈されている．研究室という実践の場における教育は，研究倫理を学ぶうえで効果的なものであるが，一方で，これは指導者の考え方や資質に強い影響を受ける．

　本書は，実験科学に取組む研究者の姿勢について具体的に解説し，研究倫理を学ぶための資料やグループで議論を行う際に有用な事例を提供することを目標としている．本書の読者としておもに想定しているのは，これから実験科学の世界に足を踏み入れようとする若者であるが，すでに研究活動に従事している方にとっても，本書とともに振返れば，きっと新たな気づきがあるだろう．また，彼らを指導する立場にある研究者，あるいは研究倫理の授業を担当する講師には，本書の解説に加えて，自らの経験も併せて紹介していただくことで，より効果的な学びにつながるものと期待している．

　わが国では，高度経済成長期以降，科学研究を自由に推進する環境が整備されてきたが，経済成長の鈍化に伴い，科学研究への投資に対する見返りが要求されるようになった．その結果，"選択と集中" のスローガンに代表される競争原理が研究コミュニティにも適用され，共有，無私を原則として発展してきた研究コミュニティのあり方が変わりつつある．競争原理の導入は科学研究の進展をスピードアップさせたが，その一方で，専門家によって評価されるべき研究の "質" が軽視されることもしばしばあった．科学研究は研究者が誠実であることが大前提である．それゆえ，ずさんな研究や，虚偽の研究に対するチェック機構は脆弱であり，それらが原因となって起こる質の低下に対して即応するすべをもたない．2014 年にわが国で相次いで発覚した大型の研究不正事件は，そうした研究コミュニティにおける変化を白日のもとにさらすものであった．研究公正の危機は必ずしもわが国に特有のものではない．信頼性の低い研究の

増加は国際的にも問題視されており，その対策はさまざまな場で議論されている．質の高い研究には，健全な研究環境が必要であることが改めて注目されているのである．

科学研究の原点は，世界を知りたいという，わくわくするような好奇心である．しかし，研究という活動そのものには強い探究心や粘り強さといったソフト面と，正確にかつ再現性をもって実験を実施できる制御された環境・設備といったハード面における条件が要求される．こうした条件は自然に満たされるものではない．それゆえ，科学研究に取組む若者に対しては，社会からの積極的なサポートが重要である．一方で，彼らが科学研究の実際をよく知らないまま研究者を目指すことは，真っ暗な夜の海に飛込むことに似ている．本書が実験科学の世界に足を踏み入れる若者にとって明るい灯台の一つになることができれば幸いである．

筆者らは過去に研究倫理をテーマとして日本薬学会年会においてシンポジウムを企画したが，その際の議論から生まれたのが本書である．シンポジウムに協力・参加いただいた皆様に感謝したい．とくに，研究公正の問題にいち早く着目し，研究コミュニティのあり方を提言されてきた山崎茂明氏（愛知淑徳大学）には，励ましと有意義な助言をいただいた．ここに深謝の意を表したい．また，研究公正の教科書をつくりたいという筆者らの提案を実現いただいた東京化学同人の住田六連氏，丸山潤氏に厚く御礼申し上げる．

2018 年 5 月

田　中　智　之
小　出　隆　規
安　井　裕　之

目　　　次

1. 望ましい研究のあり方 ……………………………………………… 1
　1・1　よい研究とは: 研究における価値観 ……………………… 1
　　1・1・1　科学研究において重視される特徴 ………………… 1
　　1・1・2　科学研究における価値観 …………………………… 4
　　1・1・3　望ましい姿勢 ………………………………………… 7
　1・2　研究者の責任ある行動 …………………………………… 9
　　1・2・1　研究者相互の信頼を尊重する ……………………… 10
　　1・2・2　専門家としての規範を守る ………………………… 11
　　1・2・3　社会に奉仕する ……………………………………… 11
　章末問題 …………………………………………………………… 12
　参考資料 …………………………………………………………… 12

2. 化学・ライフサイエンスにおける研究活動 ………………… 15
　2・1　講義から研究へ …………………………………………… 15
　　2・1・1　研究室の選び方 ……………………………………… 16
　2・2　研究室での活動 …………………………………………… 18
　　2・2・1　積極性を発揮する …………………………………… 19
　　2・2・2　責任をもった行動をとる …………………………… 19
　　2・2・3　規範を遵守する ……………………………………… 20
　　2・2・4　実験に取組むうえで注意すること ………………… 20
　2・3　実験ノート ………………………………………………… 21
　　2・3・1　実験ノートのつけ方 ………………………………… 21
　　2・3・2　実験ノートの帰属と保管 …………………………… 24

vi

2・4　企業における研究 ……………………………………………… 25
2・5　論理性の涵養 …………………………………………………… 26
　2・5・1　ディスカッションにおける望ましい態度 ……………… 27
　2・5・2　問題のある議論 ………………………………………… 28
2・6　統計学の重要性 ………………………………………………… 33
　2・6・1　データの収集 …………………………………………… 33
　2・6・2　統　計　学 ……………………………………………… 33
　2・6・3　バイアス ………………………………………………… 39
2・7　指導者との関係：よい指導者とは …………………………… 41
　2・7・1　望ましい指導者 ………………………………………… 41
　2・7・2　指導者との関係 ………………………………………… 43
　2・7・3　アカデミックハラスメント …………………………… 44
2・8　安全に研究を実施する/社会との約束を守る ……………… 45
　2・8・1　安全な研究の実施 ……………………………………… 45
　2・8・2　動物実験 ………………………………………………… 46
　2・8・3　組換え DNA 実験 ……………………………………… 46
　2・8・4　ヒトを対象とした研究 ………………………………… 47
　2・8・5　安全保障輸出管理 ……………………………………… 47
　2・8・6　研究費の適切な使用 …………………………………… 48
章末問題 ………………………………………………………………… 49
参考資料 ………………………………………………………………… 50

3. 研 究 成 果 の 発 表 ………………………………………………… 51
3・1　研究成果を発表する意義 ……………………………………… 51
　3・1・1　研究成果とは …………………………………………… 52
　3・1・2　研究成果を発表する機会 ……………………………… 53
　3・1・3　研究成果を発表する心得 ……………………………… 53
3・2　学会発表 ………………………………………………………… 54
　3・2・1　学会発表の形式 ………………………………………… 55
　3・2・2　学会発表の準備 ………………………………………… 55
　3・2・3　発表者の態度 …………………………………………… 56
　3・2・4　参加者（聴衆）のマナー ……………………………… 56

3・3　学術論文 ……………………………………………………… 57
　　　3・3・1　論文を書くということ ……………………………… 58
　　　3・3・2　原著論文の執筆から公開まで …………………… 59
　　　3・3・3　ピアレビューシステムの抱える問題 ……………… 63
　　　3・3・4　研究成果をどのように評価するのか? ……………… 65
　　　3・3・5　出版後査読の取組み ……………………………… 66
　　3・4　知的財産 …………………………………………………… 66
　　　3・4・1　知的財産とは ………………………………………… 67
　　　3・4・2　特許の取得 …………………………………………… 67
　　　3・4・3　利益相反への配慮 …………………………………… 68
　　章末問題 …………………………………………………………… 69
　　参考資料 …………………………………………………………… 69

4. 研究不正(ミスコンダクト)の実際とその背景 ……………… 71
　　4・1　研究不正(ミスコンダクト)の類型 ……………………… 71
　　　4・1・1　捏　造 ………………………………………………… 71
　　　4・1・2　改ざん ………………………………………………… 72
　　　4・1・3　盗　用 ………………………………………………… 75
　　　4・1・4　その他のミスコンダクト …………………………… 76
　　　4・1・5　ミスコンダクトではないもの ……………………… 80
　　4・2　基礎研究における不正 …………………………………… 81
　　　4・2・1　理化学研究所における STAP 細胞事件 ……………… 81
　　　4・2・2　東京大学分子細胞生物学研究所における研究不正 ………… 84
　　　4・2・3　iPS 細胞研究所における研究不正 …………………… 86
　　4・3　臨床研究における不正 …………………………………… 87
　　　4・3・1　ディオバン事件 ……………………………………… 87
　　4・4　研究不正の背景 …………………………………………… 89
　　　4・4・1　研究環境の変化 ……………………………………… 89
　　　4・4・2　研究指導者の問題 …………………………………… 91
　　　4・4・3　研究指導の問題 ……………………………………… 92
　　4・5　海外における取組み ……………………………………… 93
　　　4・5・1　研究公正局 …………………………………………… 93

viii

  4・5・2 発表後査読の動き ……………………………… 94

  4・5・3 米国科学アカデミーの提言 ………………………… 95

 4・6 国内における取組み ………………………………………… 96

 4・7 研究室でできること ………………………………………… 97

  4・7・1 質の高い研究を目指す ……………………………… 97

  4・7・2 正確な記録を残す …………………………………… 98

  4・7・3 誤解されない表現をする …………………………… 98

  4・7・4 共著者としての責任を果たす ……………………… 98

  4・7・5 研究不正に巻込まれたら …………………………… 99

 章末問題 ……………………………………………………………… 100

 参考資料 ……………………………………………………………… 100

5. 社 会 と の 関 係 ……………………………………………… 103

 5・1 研究者と社会との関係 ……………………………………… 103

  5・1・1 研究成果の誇大広告 ………………………………… 104

  5・1・2 科学者の肩書きの濫用 ……………………………… 106

  5・1・3 疑似科学 ……………………………………………… 107

  5・1・4 欺瞞的な起業 ………………………………………… 109

 5・2 社会における研究者の役割 ………………………………… 110

  5・2・1 オウム真理教地下鉄サリン事件 …………………… 111

  5・2・2 マンハッタン計画 …………………………………… 112

  5・2・3 デュアルユース問題 ………………………………… 113

  5・2・4 科学者に求められる態度 …………………………… 114

 章末問題 ……………………………………………………………… 115

 参考資料 ……………………………………………………………… 115

索　引 ……………………………………………………………… 117

1

望ましい研究のあり方

1・1 よい研究とは: 研究における価値観

　科学研究とは何を目標としているのだろうか. 自然科学の芽生えの時期には, キリスト教における神の力が自然現象に表れることを証明することが目的となることもあった. さまざまな道のりを経ながら自然現象に関する人間の知識が増えていくなかで, しだいにそれらの知識が未来の自然現象を予測することや, あるいはその制御に役立つものであることが広く認識されるようになった. はじめは王侯や貴族の支援のもとの私的な活動であった科学研究は, その有用性を認識した近代国家によって, 公的に奨励されるようになった. 世界を知りたい, あるいは自然現象を理解したい, という純粋な好奇心から始まる探求活動から得られた知識が, 思いもよらない形に組合わされることによって, 社会を大きく変えることが認識されるようになったのである. ファラデー*1 やフランクリン*2 の実験結果は, 当時はまったく注目されていなかったが, それらから発展した電気の有用性について疑いをもつ現代人はいないだろう. 歴史的には自然科学は哲学の一部として発展したが, その過程で自然科学独自の方法論や, 科学者が身につけるべき態度が確立した. 研究倫理について考えるうえで自然科学の成り立ちを知ることは大切である.

1・1・1 科学研究において重視される特徴

　最初に, 科学研究において重視される三つの特徴について紹介する.

---

*1　マイケル・ファラデー (Michael Faraday, 1791-1867): 化学者・物理学者. 電磁誘導を見いだし, 後のジェームス・C・マクスウェル (James C. Maxwell, 1831-1879) による電磁気学の基礎理論を確立した.
*2　ベンジャミン・フランクリン (Benjamin Franklin, 1706-1790): 物理学者・政治家. 凧を用いて雷が電気であることを示した実験で有名.

a. 新規性（novelty）　　自然科学は，私たちを取巻く世界に対する知を増やすことを究極の目標としているため，すでに明らかになっていることを再確認することに対する評価は低い．科学研究の成果は学術誌に論文として発表されるが，その際の審査における重要な指標の一つはこの新規性である．審査員がこの研究には新規性（something new）がないと判断すれば，いくら質の高いデータがたくさんあってもその論文は却下されてしまう．一方，新規性の基準は読んで字のごとく新しいかどうかのみが基準であり，その知見の社会における有用性が問われることはない．"銅鉄実験" という言葉は，銅を使って行った研究をそのまま鉄にあてはめた実験という意味で，独創性に欠ける研究を揶揄するものである．"銅鉄実験" が一般に敬遠されることは，科学者が優先するものが新規性であることを示している（鉄で試すことには新規性があるという観点もあり，鉄で新発見が生まれることもあるので，これは一つの喩えである）．自然科学は新規性を高く評価することを通じて，その守備範囲を着実に拡大してきた．博士の学位審査においても，その基準の一つは新規性であり，どれだけささやかであろうが，人類の知を拡大したかという観点に基づいて評価が行われる．

b. 再現性（reproducibility）　　自然科学，特に実験科学とよばれる領域（化学やライフサイエンスの多くは実験科学である）では，再現性があるものが研究の対象である．再現性にはいくつかの異なる基準がある．まず，同じ実験者が繰返し同じ結果を得ることができるというレベルの再現性がある．次の段階は，同じ方法をとれば，他の実験者も同じ結果を得ることができることである．さらには他の国でも，あるいは時代が変わっても同じ結果が得られることが求められる．"同じ方法をとる" ことは実際には難しいことである（たとえば，湿度や温度を一定にするためには，高いレベルで空調された研究室が必要である）ため，化学やライフサイエンスでは少し条件が変わっても同じ結果が得られることをもって再現性が高いと評価することが多い．逆に，"この実験は私にしかできない"，あるいは "コツがある"，などといった主張は実験科学に携わる研究者の間では好まれない．実験科学では "ゴッドハンド（神の手）" とよばれるような技術をもつ研究者がいるが，これは必ずしも敬意を反映するものではない．なぜなら，他の研究者が再現できないような実験結果は，自然科学の議論の対象からは外れてしまうからである．"ゴッドハンド" とよばれる研究者は，しばしばそうよばれることを避けるために，自らの実験手法の詳細を同じ領域

の他の研究者に進んで説明することがある．また，宇宙空間における実験などは，疑念を抱いた他の研究者が追試をすることが容易ではないため，所属研究機関が異なる複数の研究者による共同実験として進められることが多い．

c. 多様性（diversity）　研究対象に多様性があることもまた自然科学では重視される．ある課題を深く掘り下げることでも新規性は担保できるのに対して，多様性は水平方向の広がりを重視する考え方である．科学者の多くが思いつかないような疑問をもって"一風変わった"研究をすることが科学者間で高く評価されるのは，多様性を重視するからである．科学研究において**独創性**（originality）を発揮することが奨励されるのは，他人と同じことをしないことを研究者が評価するからである．多様性は社会を変革するような斬新な発見と関わりが深い．イノベーション＊は一般に独創性のある複数の知見が組合わされることにより発生するが，それが思いもよらないような組合わせであるほど，アイデアの革新性は高い．よって，基礎研究のレベルで多様性を求めることは，社会にとって有用な成果を生み出す素地をつくることにつながる．携帯電話やスマートフォンは現代社会において今や必要不可欠なものであるが，その実現の過程では数学から物理，化学をまたぐさまざまな基礎研究の成果が組合わされている．

　上記のような要素が欠けている科学研究には，どのような問題があるだろう．"新規性"のない研究の多くは，人類の知を拡大しないという意味では端的にいって研究資源（研究費や労力，時間）の無駄である．研究の前提となる既知の情報を丁寧に調べない研究者は，すでに答の出ている研究に取組んでしまうことすらある．

　"再現性"のない研究は，後述するように現代のライフサイエンスでは大きな問題の一つとなっている．ライフサイエンスは対象が生物であるがゆえに実験条件を定める変数が多く，実験物理や化学と比較すると，"完全に同じ方法をとる"ことが難しい研究領域である．そのため，ライフサイエンス領域の科学者は再現性が得られないことに対して，比較的寛容な態度をとることが多い．一方で，そうした状況を利用して，不十分な検討結果を論文として公表するような研究者も存在する．再現性の低い研究成果は，これに基づいてさらに新たな研究を進めようとする科学者にとっては危険な落とし穴であり，これを鵜呑み

＊　新たな価値を創造し，社会に大きな変化をもたらす変革．技術革新の影響についてさすことが多いが，組織や社会の仕組みが変わることもイノベーションに含まれる．

にしたばかりに研究資源を浪費することになる．再現性を高めるためには，同じ実験を繰返すことに加えて，多角的な検討によって結果を検証することが大切である．横から観察したときに三角形が見えたことを理由に，それを円錐と判断することがあるかもしれないが，実際には三角錐かもしれない．円錐であることを確認するためには，上からも見る必要があるだろう．再現性を確保するために必要な努力を惜しむことは，砂上に楼閣を立てることと同じで，しばしば将来の崩壊の原因となる．

　新たな研究領域にチャレンジすることは，自然科学の発展の原動力である．一つの領域において業績が蓄積してくると，手慣れた狭いテーマを深く掘り進む研究者は少なくないが，居心地のよい環境から飛び出すこともまた研究者には望まれていることを忘れてはいけない．

1・1・2　科学研究における価値観

　科学研究における価値観には，一般社会と共有されているものもあれば，科学研究に特有の要素もある．研究倫理を学ぶうえでは，まず科学研究における価値観，すなわち科学者が理想とする研究とはどのようなものであるかを理解する必要がある．科学者のもつ価値観としてよく知られるのは，1942 年にマートン＊によって提唱された四つの規範（頭文字をとって **CUDOS** という）である．社会との緊張関係の中で CUDOS の精神はしばしば危機にさらされるが，

科学者の理想像

共有性	communism
普遍性	universalism
無私性	disinterestedness
懐疑主義	organized skepticism

客観性	objectivity
誠実さ	honesty
開かれた態度	openness
説明責任	accountability
公正性	fairness
管理責任	stewardship

図 1・1　CUDOS とそれを支える条件

＊　ロバート・マートン（Robert K. Merton, 1910-2003）：社会学者．現代社会学の父とよばれる．科学研究を対象とした社会学はマートンから始まった．

科学者の理想像として心にとめる必要がある（図1・1）.

a. 共有性（communism）　科学により得られた成果は，コミュニティ全体が共有するという原則である．ニュートン[*1]はフック[*2]への手紙で"私が遠くまで見渡せたのだとしたら，それは巨人の肩の上に乗っていたからです"と述べているが，これは過去の知見の蓄積のうえに自らの研究成果があることを喩えたものである（図1・2）．これは同時に今われわれが行っている科学研究が，過去の研究者との共同作業であることも示している．科学者に再現性が要求されるのは，"再現性"を欠く知見ばかりでは"巨人の肩"にはなりえないからである．研究が効率的に進展するためには，研究成果が公表され，それが共有されていることが望ましい．コヴァック[*3]は，科学者コミュニティでは"贈与の経済"が機能していることを指摘した．たとえば，学術論文の審査は無償で行われることが普通であり，大学や大学院で行われる学術講演では大きな謝金は発生しない．これらは，科学の発展には科学者相互の協力が必要という精神に基づいている．研究者にとって，特許制度は重要な発明をした個人，あるいは組織の努力に対する褒賞という側面があるが，一時的ではある

図1・2　英国の2ポンドコインに刻印された "Standing on the shoulders of giants"　　PjrStudio / Alamy Stock Photo.

---

*1　アイザック・ニュートン（Isaac Newton, 1643-1727）：自然哲学者（数学者・物理学者・天文学者）．"プリンキピア"を著し古典力学を確立した．ライプニッツ（Gottfried W. Leibniz, 1646-1716）と同時期に微分・積分法を見いだした．ニュートンの自然科学における貢献は科学革命とよばれることがある．
*2　ロバート・フック（Robert Hooke, 1635-1703）：自然哲学者．弾性についてのフックの法則で知られる．
*3　ジェフリー・コヴァック（Jeffrey Kovac, 1948-）：現代の米国の化学者．科学教育や研究倫理に関する活動でも有名．

が共有性を損なうことも事実である．将来の研究の発展を促進することを目的として，自らの革新的な発明を特許化せず，ただちに公開した科学者は枚挙にいとまがないが，これは共有性の価値観に重きをおいた判断といえるだろう．

b. 普遍性（universalism）　科学研究で得られる知見は，社会的，個人的な背景とは切離されていることをさす．すなわち，科学研究は，世俗的な権力やしがらみからは自由でなければならない．科学者の人種や性別，あるいは社会的地位が研究成果の評価に影響を与えることは誤りである．

c. 無私性（disinterestedness）　科学研究は人類の知を拡大するため，あるいは，純粋な好奇心に基づいて行われるものであるという原則である．高度な理論を求めて科学者間で厳しい論争が起こることや，研究成果の独占が批判されることは，科学者の無私性に基づくものである．競争が激化した現代の科学研究では，科学者自身が起業することや，あるいは成果に応じて大きく傾斜をつけた研究費が与えられることがしばしばある．こうした変化は無私性の原則を歪めることがある．一方で，十分に注意深くデザインされた実験は，その科学者がどのような信念や予断をもって取組んでいようが，自然現象を適切に示す知見を与えることができる．その結果を見て，科学者が元の仮説を修正すること，あるいはいったん仮説を破棄することは科学研究の正しいプロセスである．こだわりの強い性格をもつ科学者であったとしても，無私性をもつことがその研究を適切な結論へと導くのである．

d. 懐疑主義（organized skepticism）　懐疑的な姿勢（得られた知見は誤りではないかという疑問をもつこと）は科学研究に不可欠の要素であり，メダワー＊は，その著書 "若き科学者へ" の中で，"批判というものは，科学のどのような方法論においても最も強力な武器であり，それこそが科学者が誤った考えに甘んじ続けずにすむことを保証している" と述べている．健全な批判が成立するためには，科学研究のプロセスがオープンで，検証可能であることが求められる．近年では，有名な学術誌に研究成果の掲載が決定すると同時に大々的なプレスリリースを行って研究成果が喧伝されることがあるが，たった一つの研究グループが報告した成果をただちに鵜呑みにすることは，懐疑主義とい

＊　ピーター・B・メダワー（Peter B. Medawar, 1915-1987）：生物学者．移植組織に対する免疫応答の研究によって，フランク・M・バーネット（Frank M. Burnet, 1899-1985）とともにノーベル生理学・医学賞を受賞した．

う科学の基本精神を失うことである.

1・1・3 望ましい姿勢

近年の研究公正の議論からは，以下に示す姿勢もまた望ましい科学研究の推進に必要であることが指摘されている．マートンの規範と重複するものもあるが，これらはより具体的に科学者のもつべき態度を示している．後述するが，研究不正の事件ではしばしばこうした科学研究の規範の多くが同時に無視されている．2017 年に米国科学アカデミーから発表された報告書"Fostering Integrity in Research"を参照しながら，以下に解説する.

a. 客観性（objectivity）　科学哲学の領域で活躍したポパー*は"反証可能な形式で仮説を立て，これを検証し，その結果をできるだけ明瞭に説明する"というプロセスこそが，実験科学において重要なポイントであると主張している．たとえば，霊能者が"私の能力を疑う人が周囲にいるときには，霊能力は発揮できない"と主張した場合，周囲にいる人が内心で霊能者の能力を疑っているかどうかは調べようがない．その結果，霊能者は自身の失敗に対しては常に言い訳をすることができる．"霊能者の能力を疑う人がいなかった"ことは証明できないからである．こういう構造の議論は科学研究の対象にはならない．これは，科学研究とそうでないものとを区別するのに有用な考え方であるが，その背景には科学研究における客観性をどのように保証するかという議論がある．反証不可能な命題に対して客観性を示すことは困難である.

実験者でもある科学者自身がもつ認識のゆがみ（自説に対する自信や先入観）を完全に排除することは困難であるが，細心の注意を払って実験をデザインすることや，他の研究者の手を借りつつ多角的な検証を行うことを通じて，客観性を高めることができる．期限までに新しい知見を得なければいけないといったプレッシャーや，研究を支援してくれている企業に対して有利なデータが望ましいといった期待は客観性を損ねる要因となりやすい．研究者に一定の自由が確保されていることもまた大切である．自然科学の研究に客観性が必要なことは当たり前であるが，実際に客観性を確保するためには，強い意志とさまざまな工夫が必要である.

---

*　カール・R・ポパー（Karl R. Popper, 1902-1994）：哲学者．反証ができない理論は科学的ではないという反証主義で知られる.

b. 誠実さ（honesty）　　科学者が誠実であることは科学研究の大前提であり，数々の研究不正のエピソードからは，標準的な科学研究の仕組みが不誠実な行動に対していかに脆いものであるのかを知ることができる．自分で得たデータを基に自らの仮説を主張するという行為が許されているのは，科学者は間違うことはあっても嘘はつかないものだという前提があるからである．以下に説明する，オープンであること，説明責任，公正さは，いずれも誠実さが損なわれた状況では意味がない．誠実さに欠ける研究が信頼できる知を生み出すことはないのである．

c. 開かれた態度（openness）　　科学者が互いの研究成果を正確に検証するためには，どういう条件で実験をしたのか，生データをどのように解析したかといった情報を詳細に共有する必要がある．すなわち，科学研究では過程の透明性を確保することがきわめて重要である．また，研究の正確性を高めるためには，証明の不十分さやその不備を遠慮なく指摘できる環境，およびそうした指摘を受入れる寛容な態度をもつことが大切である．批判に対して感情的に反発することや，権力を背景に自由な発言を制限するような振舞いはオープンさを損ねるものである．

d. 説明責任（accountability）　　科学者が自分の得たデータを基に新たな仮説を提示する場合，その過程において生じた疑義の説明責任はその科学者にある．犯罪と同じ構図で研究不正を理解しようとすると誤解しやすい点であるが，説明責任は疑義を告発する側ではなく，疑わしい研究を発表した科学者側にある．ある程度の合理性が認められる疑義については，その研究を発表した科学者が説明を尽くす必要があり，そうした説明責任をいつでも果たすことができるという体制で研究に取組む必要がある．

e. 公正性（fairness）　　公正性とは，得られたデータや観察事実を公平に取扱い，研究を進めることである．先入観に基づいてデータの一部を捨てることや，あるいは一部のデータだけに厳しい評価をするといった行為は公正性を損なう．自然科学の研究の多くは時空を越えた共同作業である．よって，先行研究を適切に引用しないことや，自分の考えと異なる仮説をあえて無視するといった行為も公正性を損なうものといえる．

f. 管理責任（stewardship）　　研究室や研究機関における人間関係に配慮し，組織の健全性を維持することは，研究グループのリーダーの責務である．上に掲げた価値観を尊重した研究活動を実施するためには，組織を適切に運営する

ことが肝腎である．学生の立場でこの種の責任をもつ機会はまれであるが，よい研究室を見分けるうえで，指導者が管理責任を意識し，研究と教育に責任をもっているかという観点をもつことは有用である．

1・2 研究者の責任ある行動

社会における科学者の位置づけは時代とともに変化してきたが，研究活動を通じて生活の糧を得るという職業研究者が現れるのは 19 世紀に入ってからのことである．マートンが科学者の行動規範について議論した背景には，科学研究が職業となるという新たな変化がもたらしたさまざまな問題があった．物理学者であるザイマン*は，現代の科学が CUDOS とはおおよそ反対の性格をもつようになったことを取上げている．研究成果の独占（proprietary），狭い範囲への研究の特化（local），権威主義（authoritarian），（政府や大企業からの）受託（請負）的研究（commissioned），専門家としての（閉鎖的な）行動（expert work），これらの頭文字をとって現代科学には **PLACE** という特徴があるということがザイマンの著書では述べられている．ザイマンはこうした現代科学の特徴をマートンの規範と比較し，マートン的な規範からの逸脱がもたらした弊害を指摘している．それは，学問的な科学（アカデミアの科学）から産業科学への移行としても描かれているが，PLACE 的な振舞いを通じて科学研究そのものの信頼性が損なわれることがあるという指摘は重要である．後述するように，PLACE は研究不正が生じる背景として作用することもあり，ザイマンが著書の中で CUDOS の意義を改めて強調したことは研究倫理を考えるうえでも注目するべきである．

科学者のあり方についてはさまざまな議論が行われてきたが，米国科学アカデミーの提言では，**責任ある研究活動**（responsible conduct in research, RCR）という表現で科学者の行動規範が示されている．3 項目という簡潔なものであ

表 1・1　責任ある研究活動（**RCR**）

研究者相互の信頼を尊重する 専門家としての規範を守る 社会に奉仕する	再現性の確認，誠実さ，先人への敬意 科学的に妥当な評価・報告，ミスリードへの批判 社会への知の還元，確かな知的財産の構築

---

* ジョン・ザイマン（John Ziman, 1925-2005）：物理学者．科学技術論についてもいくつかの優れた著作を残した．

るが，それぞれの意味するところはいずれも重要で，深い洞察に基づいている（表1・1）．

1・2・1 研究者相互の信頼を尊重する

研究活動の根底には研究者相互の信頼関係がある．後述するが，学術論文の審査は，通常，比較的近い分野の研究者によって行われる（これを**ピアレビュー**という．第3章に詳述）．この際に審査員は，論文を投稿した研究者が不正を行っている可能性を疑うことはない．もちろん，明らかに違和感のあるデータにはコメントすることができるが，同業者として感じる不自然な箇所について十分な合理的根拠を示さずに疑義として指摘することは難しい．どうして学術誌の審査が研究不正を見抜けないのかという批判があるが，研究者が誠実な姿勢であることが投稿の前提となっているため，実際には審査の過程で不正を明らかにすることは難しい．もし，疑わしいものをすべて徹底的に調査するということになれば，科学研究は深刻な停滞に陥るだろう．同業者を不正なデータを使って騙すという行為は，研究者相互の信頼を損なうものである．研究不正に基づいた論文は，多くの同時代，あるいは後世の研究者の活動を妨げる．学術誌に掲載された研究成果を正しいのものとして受止めた研究者は，それを基に自らの研究を構想することがある．最終的には参考にした論文の成果が再現しないことを知ることになるが，その間の研究費や時間の損害は甚大である．

あるいは，研究者によっては，当該領域で過去に得られた知見を意図的に無視して，あたかも自分の研究が初めての発見であるかのように強調するものもある．これもまた研究者間の信頼を損ねる行為である．過去の事例を参照すると，研究不正に関わった研究者はしばしば同業者に対して不誠実である．論文中に記載された実験の結果を再現できない場合には，その詳細について著者である研究者に直接問い合わせを行うことがある．この際に，そうした研究者は"実験をしていた学生が卒業してしまったのでわからない"などと返答して丁寧に説明しないことがある．あるいは，追試を実施するために実験材料の供与を求めても，"すでにすべて使ってしまったので供与できない"といった返事が返ってくることもある．ひどい場合はそもそも返事がないという事例すらある．"うちではうまくいくんですよね"という返事で済ませようとする研究者もいる．こうした研究者相互の信頼関係に重きを置かない研究者は，疑わしい研究者とみなされるのである．

1・2・2　専門家としての規範を守る

　研究活動は一般に高い専門性が要請されるために，同じ研究者といえども分野が違えば，互いの研究成果の内容や，あるいはその質を評価することは難しい．自然科学全般に共有されている論理性に基づいて評価することはできても，個々のデータがどの程度強い証拠なのかといった判断には高い専門性が必要とされる．ましてや，研究者でない人たちが研究成果の評価を行うことには大変な困難が伴う．こうした状況は，証明としては不十分な段階にも関わらず，決定的な意味をもつかのように成果を発表する，あるいは同じ領域の研究者から見て平凡な内容の研究を画期的な成果として発表するといった不適切な行為を誘発する．そこに作為があろうとなかろうと，行為そのものは誇大広告と同じである．専門家と非専門家の間に存在する情報量の非対称性を埋める努力をすることは，専門家の責務であり，この関係を悪用してはならない．

　テレビをはじめとするメディアでは，わかりやすい結論を述べない科学者は自信なさげで信用できないという評価が与えられることがある．しかし，自然科学において結論を断言できるようなケースは少なく，たとえば"地球温暖化はこれからも進行していくのか"といったメディアで好んで取上げられる話題のなかには科学者間でも意見が分かれるものがある．このような，結論が決まっていない話題では，正確な説明をしようと努力することが，かえって聞き手にストレスを与えてしまう．また，研究分野によっては，最近の発見によって教科書に書かれてあったことが覆されることすらある．しかし，こうした状況を理由に学問的な正確性を捨てて，わかりやすい話をすることは，専門家としての規範を逸脱することになるだろう．

　専門家の誤りを指摘することもまた同じ分野の専門家の責務である．専門家にしか指摘できない問題を，専門家が看過してしまえば，その結果起こる損害は最終的には社会が引受けることになってしまうのである．

1・2・3　社会に奉仕する

　社会への奉仕はすべての職業倫理に共通するものであるが，研究者もまたこの原則から外れるものではない．初期の科学者モデルでは，知的好奇心の赴くまま自然現象を探求するということが推奨されていたかもしれないが，現代の科学では，研究者が社会とのつながりに配慮することは必須である．

　ここで，"社会に奉仕する"という言葉が意味するところには注意が必要であ

る．"社会に役立つ"というニュアンスが強くなりすぎると，その時代において価値を評価することが難しい研究が軽視されてしまう．冒頭にフランクリンやファラデーの例をあげたが，特に基礎研究では，革新的な社会の変化につながる成果は最初に報告された際にはほとんど注目されていないことが多い．こうした基礎研究，あるいはその関連領域では，誠実に再現可能な知見を蓄積することが"社会に奉仕する"こととなる．次世代に確かな知を残すこともまた社会への奉仕なのである．

章末問題

1・1 ザイマンの議論は最終的にはマートンの提唱した CUDOS に回帰するため，現代の科学者の規範を議論するうえでは不十分という意見がある．CUDOS に代わる現代の科学者の行動規範とはどんなものになるだろうか．

1・2 2011 年の福島の原発事故では，多数の科学者がメディアで発言したが，そのなかには科学者不信を増幅させるような不適切なものも数多く認められた．原発事故後の科学者の発言をインターネット（ネット）から抽出し，科学者の行動規範に基づいてよい点，および悪い点を評価せよ．

1・3 DNA が二重らせん構造であることを見いだし，フランシス・クリックとともにノーベル賞を受賞したジェームズ・ワトソンは"二重螺旋"という興味深い自伝を出版している．CUDOS は科学者の理想的なあり方を示す規範であるが，現実は必ずしもその通りではない．ワトソンの研究活動における CUDOS 的活動，およびそこからの逸脱，またそうした変化がなぜ起こったのかについて議論せよ．

1・4 現在は政府が公的資金を用いて科学研究をサポートすることが一般的であるが，財政の悪化などを理由に支援が縮小されることもある．科学研究を公的に助成する根拠としてどのようなものがあげられるだろうか．

参 考 資 料

1) R. K. Merton, "The normative structure of science. The sociology of science: Theoretical and empirical investigation", p. 267-278, University of Chicago Press（1973）.

2) P. B. Medawar 著，鎮目恭夫訳，"若き科学者へ（新版）"，みすず書房（2016）.

3) The National Academies of Sciences, "Engineering, and Medicine. Fostering Integrity in Research"（2017）.〔https://www.nap.edu/catalog/21896/fostering-integrity-in-research〕

4) J. M. Ziman, "Prometheus Bound: Science in a dynamic steady state", Cambridge University Press（1994）.

5) J. M. Ziman, "Real science: what is, and what it means", Cambridge University Press（2000）.

1・2 研究者の責任ある行動 13

6) The National Academies. "On Being a Scientist: A Guide to Responsible Conduct in Research", 3rd Ed. (2009).〔訳書: 米国科学アカデミー著, 池内了訳, "科学者をめざす君たちへ (第3版)" 化学同人 (2010).〕

7) J. D. Watson 著, A. Gann, J. Witkowski 編, 青木薫訳, "二重螺旋 (完全版)", 新潮社 (2015).

8) J. Kovac 著, 井上祥平訳, "化学者の倫理", 化学同人 (2005).

2

化学・ライフサイエンスにおける研究活動

2・1 講義から研究へ

　化学系やライフサイエンス系の学部の大部分では，その最終学年に各研究室に学生が配属されるという制度がある（医歯学系においては，医師，あるいは歯科医師免許を取得し医局に配属されたのちに研究を開始することが多い）．研究室に配属された学生は，指導教員と相談しながら独自の研究テーマを決め，それに沿って卒業研究を始める．それまでは教室で講義を聴くことが大学での主たる学習であったものが，毎朝研究室に行き，自らが手を動かして実験を行い，記録をつけたり，議論したりしながら一日の大部分をそこで過ごすという生活に変わる．学生にとっては，この**研究室配属**は，"大学入学"と同じくらい，あるいはそれ以上に大きい生活の変化をもたらす．

　学生は，小学校から大学までの大部分の期間，学期ごとに決められた課題をこなしていくことで，科目を履修してきた．その中では，成績（点数）という形で学習の到達度を知ることができた．しかし，いったん研究室に配属されると，教員，研究員，大学院生からなるベテランとセミプロ集団の中で，最も下位の"ビギナー"として，日々ベテランから学びつつ，自ら研究活動をできるようになることが目標となる．したがって，この時点で，同学年の集団が一斉に同じ課題のうえで競争するという感覚を捨てて，どうやったら自分が先輩たちのように研究ができるようになるのかを考え，先輩の振舞いを見て模倣するという態度が重要になってくる．受け身の学習である座学から，共通の目的をもった集団の中で自らが体験することによって学んでいくという意識改革が必要である．研究室での活動においては，講義を聴いて理解することとは異なる能力，たとえば，コミュニケーション能力，勤勉さ，体力，手先の器用さ，想像力などを含む総合力が試されるので，卒業研究における実践レベルは，必ず

しも座学の成績評価とは一致しない．それまでの成績優秀者が，研究をうまく進められずに伸び悩むケースもしばしばある．

初めて研究室に配属して，プロ・セミプロ集団のなかで研究を行うのは，ビギナーにとっては緊張の連続で，ストレスを感じることも多い．しかし，その一方で，座学で学んだことを実践することで，それが自分の身についていくことを感じる過程は楽しいものである．昨日うまくいかなかった実験が，少し工夫をしたらうまくいったという喜びは，ほかには替えがたい．また，たとえ卒業研究であったとしても，未知へのチャレンジであることには変わりはなく，今まで誰も知らなかったことを誰よりも先に知ることができるチャンスを常にもっていることに対して自覚的であるべきである．もし，幸運にもその一番乗りになれた場合には，科学者としての本質的な喜びに早々にふれる機会となる．このように研究室で過ごす期間は，学生生活の中で最も研究者としての能力を伸ばすことができる期間である．

2・1・1　研究室の選び方

多くの大学では，配属が決定する前に教員による研究室紹介や研究室訪問の機会が設けられており，学生はそれに参加することで各研究室についての情報を得る．さらに，学生は独自に各研究室についての情報収集を行い，得られた情報を総合して，希望する研究室を決める．

しかし，現実として，研究室によって研究や教育のレベルはまちまちであるし，雰囲気や文化もそれぞれに異なる．世界的に注目を集める研究を推進する研究室もあれば，研究テーマは地味だが多くの優秀な若手研究者を輩出している研究室もある．その一方で，研究不正の温床となっている研究室や，指導者がハラスメント常習者であるような，いわゆるブラック研究室も，残念ながら一定の割合で存在する．

さて，研究室配属を前にして，学生は，いかなる基準をもって研究室を選べばよいのだろうか．

① 誠実かつ熱心に研究を行っている研究室
② 学生の将来のための教育に熱心な研究室

この2点に尽きる．一見，①と②は相反するイメージかもしれない．①のように研究に注力する研究室は，昼夜なく研究員が猛烈に働き，ライバルグルー

2・1 講義から研究へ

プとの競争で皆が緊張しているといったイメージかもしれない．一方，②は，教員が学生につきっきりで技術指導してくれたり，研究発表の練習に付き合ってくれたりするというイメージかもしれない．だが，これらは相反する概念ではなく，教授をはじめスタッフが真面目に研究に打込んでいるからこそ，教育効果が上がるのである．真摯に研究を進めている研究室では，ベテランの背中を見ることによって，将来自らがなる研究者像をビギナーがイメージしやすい．また逆に，将来自分の右腕あるいは共同研究者となる人材を輩出することは，長期的視点に立つと教員自らの研究の発展と継承につながるのである．

　個々の研究室の情報を得る方法は複数ある．前述のように，大学や学部・学科が設定した説明会などの機会は有効に活用すべきである．また，各研究室のウェブサイトからも情報を収集することができる．ここには通常，研究テーマや，所属メンバー，研究業績などの情報が掲載されている．これらから得る情報は基礎情報として有益である．しかし，いずれの場合においても，研究室を主宰する側が，優秀な学生を集めるために任意に選択し，開示している情報であるということを理解しておくべきである．公正な判断をしてもらうために，あえて研究室の人気を下落させるような情報を開示するような教員はほとんどいない．だが，開示された客観的事実から，その研究室の研究に向かう姿勢を知ることはできる．たとえば，長期間論文発表がない研究室から，突然論文が多数出始めることはまれである．また，多数の論文が出ているものの，第一著者がすべて教員であるような研究室では，あなたが大学院生のうちに第一著者として論文を投稿できる期待値は低いと推測してよいだろう．

　希望する研究室を決める前には，積極的に研究室を訪問し，教員や先輩との面談の機会をもつべきである．また，面談にあたっては，学生は質問を準備していくべきである．たとえば，**研究テーマ**はどのように決められるのか，独立したテーマを与えられるのか，それともスタッフの下働きをしばらくするのか，過去の学生の進路など，できるだけ具体的なものが望ましい．加えて，研究室のメンバーと実際に会話を交わすことにより，ポジティブあるいはネガティブな印象，あるいは，相性といったものを感じ取ることができる．教授との対話を通しては，研究者としての魅力を感じられるか，**メンター**＊として尊敬でき

　＊　指導者，助言者のことであるが，メンターという用語が使われる場合は，技術の指導や知識の供与にとどまらず，研究（あるいは仕事）に向かう姿勢，態度を含めた総合的な指導，助言が期待されることが多い．よって，通常は個別指導の色彩が濃い．

るか，といったポイントが重要である．

　配属希望の提出が近くなると各研究室についてさまざまな噂が飛び交う．しかし，これらは必ずしも客観的な情報ではなく，利害関係のある者から意図的に発せられた情報である可能性には留意しておく必要がある．逆に，同じ人気研究室のいすを争っている者を排除するために噂を流布するといった行為は厳に慎まねばならない．

　これから研究者を目指す学生にとって，理想的な研究室の選び方は，研究室から発表された論文を読込んだうえで，自分が興味をもてる研究テーマを高い水準で研究しているかどうかを判断することである．しかし，これから論文の読み方のイロハを学ぼうとする者が，このやり方で的確な判断をすることはまず期待できない．研究室の研究レベルを知るうえでの一つのやり方は，客観的情報と学外の同業者による評価を参考にすることである．ネットを活用すれば，論文の数，引用数，受賞情報などを知ることができる*．また，文部科学省の科学研究費補助金（科研費）をはじめとする競争的資金をどのようなテーマで獲得しているのかの情報も参考になる．研究不正による論文の撤回や，公的研究費の執行停止や応募の権利の停止といった情報があった研究室を希望しようとする場合には，その情報の真偽を確認し，真であった場合にはその原因が排除され問題が解決していることを確認したうえで，慎重に判断すべきである．

　人気の研究室もあれば不人気研究室もあるので，希望の研究室の定員をオーバーしているような場合，学生が希望した研究室に配属されるかどうかはわからない．仮に希望の研究室に配属されなかったとしても，やる気を失い，なげやりな態度で研究に取組んではならない．研究分野やテーマに関わらず，研究を遂行するうえでの，ルール，マナー，考え方には共通する部分が多い．真面目に取組んでいれば必ず得られるものはあるはずである．

2・2　研究室での活動

　この節では，卒業研究生として初めて研究室に配属され，研究活動を開始し

---

　*　PubMed（https://www.ncbi.nlm.nih.gov/pubmed/）；Google scholar（https://scholar.google.co.jp/）；Researchmap（http://researchmap.jp/）；KAKEN（https://kaken.nii.ac.jp/）；日本の研究.com（https://research-er.jp/）など．

たビギナーを想定して，どのように研究室で振舞い，研究を行っていくのかについての指針となる事項を記述する．

それまでの講義や実習中心の学修は，学生を教育する目的で作成された教科書やプログラムに沿って行われ，学生はサービスとしての教育を受ける立場であった．しかし，研究室における研究活動では，たとえビギナーであっても一人の研究者として研究の一端を担うことになる．したがって，教育サービスを受けるという立場は希薄になり，研究者見習いという立場が濃厚になってくる．研究室に配属されたら意識を改革して，できるだけ早く研究室の雰囲気に馴染み，教員やベテランから研究室のメンバーとして受け入れられるようにしたい．

研究室は，実験スキルを学ぶだけの場所ではない．実験スキルの向上よりもむしろ大切なのは，研究を行うプロセスと考え方を，実践を通して体得することである．妥当な目的，適切な手法，正確な技術，データの正しい解釈のいずれが欠けても研究は停止する．もちろん，独力でこれらの能力を獲得することはきわめて困難である．そのために，教員と相談したり，先輩に教えてもらったりといったことが必要となる．これらすべてをひっくるめた研究活動のやり方を所属する研究室で学ぶのである．

2・2・1 積極性を発揮する

わが国では，大学の講義室はたいてい後ろの方から埋まる．手をあげて質問やコメントをする学生も欧米の大学と比較すると少ない．これは，"できるだけ目立たないようにした方が得"という心の表れである．しかし，いったん研究室にはいったら，"同級生と同じように振舞おう"とか"目立たないようにしよう"という考えは捨てるべきである．研究室においては，積極性をもった者，疑問をもち，それを解決する姿勢をもった者が早く成長する．

2・2・2 責任をもった行動をとる

研究室に入ったらメンバーの一員として，一つ一つの行動に責任をもつ必要がある．そのために，匿名性を排除し，すべての物に名前を書き，可能な限りあらゆる事柄について記録をつけることを習慣化すべきである．行為の実行者が明らかで，記録がきちんとつけられ，保存されている研究室は，仮に研究上のトラブルが起こっても原因の究明が容易であるためその解決が早く，その結果，研究のアクティビティを安定的に維持できるのである．

2・2・3　規範を遵守する

　研究活動は法律や規制およびルールに則って行われなければならない（後述）．これらの決まりごとは，国，研究機関，研究室といったあらゆる階層で定められている．**ラボマニュアル**などの名称で，研究室のルールを明文化している研究室も多い．研究活動を実施する際には，これらのルールを遵守しなければならない．逆に，ルールに書かれていないことは何をやってもよいかというと，そうではない．研究活動を妨げる行為はすべからく自ら慎むべきである．

2・2・4　実験に取組むうえで注意すること

　実際に実験に着手するにあたっては特に以下の点に注意する必要がある．

　a. 事故の防止　　まずは，事故の防止である．化学やライフサイエンスにかかわる実験には時として危険が伴う．爆発物，毒劇物，刃物，放射線，レーザーや紫外光，有毒あるいは窒息性ガス，病原体などである．危険に関する知識の欠如は，事故を誘発する際の危険因子の一つである．まず，自らが使用するものに関する知識を得て，その危険性を理解したうえで取扱うという姿勢が重要である（後述）．ビギナーは初めての実験を一人で行うべきではない．また，特に深夜一人で実験することは避けなければならない．

　b. 質問する　　わからないことが出てきたら積極的に質問する習慣をつける．たとえばある化学実験にはどちらの試薬を使えばよいのかを尋ねたい場合，誰に質問するのがよいだろうか．正解は，それについて最も精通している人に尋ねることである．なぜなら，正しい情報を与えてくれる期待値が最も高いからである．"それについてよく知っている人"と"質問しやすい人"は，しばしば異なる．だがビギナーは，話しかけやすいという理由で，隣にいる同レベルの学生に尋ねてしまいがちである．研究室のベテランに"そんなことも知らないのか"と思われるのを恐れて，目上の人にはなかなか尋ねにくいかもしれない．それでもやはり，正しい情報を求めることを最優先すべきである．

　質問の仕方にも技術が必要である．ビギナーの質問には情報が不足しがちである．たとえば"○○で使う試薬は△△でいいのですね"という問いは，一般的な答えとしては"Yes"が正解かもしれない．しかし，今あなたがやろうとしている実験については，別の試薬を使った方がベターであるようなケースがある．質問をする場合には，"今私は何をしようとしていて，今どのような状況で，○○で使う試薬は△△がいいのか××がいいのかがわからないのですが教

えてください” というように，できるだけ多くの情報を回答者に与えることが重要である．つまり，ビギナーである質問者は，ビギナーであるがゆえに，回答を選択するうえで考慮すべき背景を適切に説明できない可能性があることを自覚する必要がある．

c. ディスカッション　　研究にかかわること，すなわち実験計画，結果の解釈，方針の策定などについては，できるだけ研究室のメンバーと**ディスカッション***しよう．ビギナーであるからといって，研究室のミーティングや研究報告会で遠慮する必要はない．むしろビギナーであるから何でも質問できると考えるべきである．ディスカッションをすることには，わからないところにアドバイスをもらう，結果の解釈を確認する，トラブルを解決するといった，研究上の実利があるだけではない．ディスカッションをすることによって議論の能力が向上するのである．前述のように，質問を適切なかたちで発することができなければ，正しいアドバイスを得られる可能性は低くなる．また，結果を読み解き，論を立てるためには，その研究分野で使われている正しい用語（**テクニカルターム**）を使用し，過不足なく表現するスキルが必要とされる．

ディスカッションの機会が少ない研究室は，よい研究室ではない．教授の言う通りに働けばよいという研究室では，実験技術以外のスキルは伸びない．研究者を目指すものにとって忌むべきことは，合理的でない独りよがりの判断と，指導者のいうことを十分に消化しないままそれに従ってしまうことである．

2・3　実験ノート
2・3・1　実験ノートのつけ方

化学やライフサイエンスに関する実験科学において**実験ノート**はきわめて重要なものである．“ノート” という呼称は，“講義ノート” のように書いた当人の備忘のために用いるものであると誤解されがちなものであるが，そうではなく，客観的に研究の実在性とその実施内容，得られた結果を証明するための “証拠物品” である．また，実験ノートは研究室の同僚や教員，あるいはまだ見ぬ後輩が参照するものである．

---

*　日本語における議論という用語は，二つの対立する主張を連想させるが，研究室で行われる議論は必ずしもそういう性格をもつものではない．そこで，多くの研究者はあえてディスカッションということが多い．

適切に記録された実験ノートがあれば，いつ，誰が，どのようなやり方で，その実験を行い，どのような結果を得たのかを証明することができる．また，実験ノートがなければ，論文を書くことはできない．適切に記載された実験ノートは，論文を執筆するために必須となる基礎資料である．逆に，この証拠物品がなければ，仮に研究不正の疑義が降りかかったときに，自身の潔白を証明することができない．すなわち，研究ノートを適切につけることは，その実験が誰によって実施されたものかを証明することでもあり，同時に自らの不利益を防止することにもつながる．

実験ノートが証拠物品として機能するために必要な要件は，① 長期にわたって保管でき，② 後の改訂（あるいは改ざん）が不可能であって，③ 客観性が担保でき，かつ ④ 十分な情報を含んでいることである．① と ② を満足するために，実験ノートには，丈夫なつくりの，製本されたノートを使用する．研究室あるいは組織ごとに共通の，実験ノート専用規格のものを使用すると整理・保管に便利である．レポート用紙やルーズリーフなどページがばらばらになるものは，ページの差替えが可能であり，② を満たさないので不適切である．③ 証拠としての客観性を担保するために，その日の実験ノートの記載の末尾に第三者による日付とサインをもらう．また，後に加筆することを想定して，ページを飛ばして使用したり，あるいは記入スペースを空けておいたりしてはならない．必ず時系列に前のページから詰めて書くこと．④ の"十分な情報を含んでいる"については，どこまで書けば十分なのかの判断はとくにビギナーにとっては難しい．最初のうちは，確認のサインをもらうときに，ベテラン（教員や先輩）にノートの書き方と内容についてもチェックしてもらうのが一番の早道である．基本的には，"実験者が急にいなくなったとしても，同じ研究室に所属する先輩あるいは同僚がノートの情報を見て実験を再現することができ，かつ後を引継げるだけの情報を書く"と考えればよい．そう考えると，実験ノートを判読不可能な字で書くことや，実験者のみが理解できるような暗号やコードを使用することが不可であることも理解できるはずである（図2・1）．

ノートには必ず一次情報を可能な限りリアルタイムに書く．1日分の実験をメモ用紙に書いておいて，その日の最後に清書するというやり方は推奨されない．実験ノートを持込めない部屋で実験するなどやむを得ない場合には，その後できるだけ早くノートに記載することを心がけるべきである．仮に一次情報が，デジタル測定データであるような場合には，そのデジタルファイルのファ

2・3 実験ノート

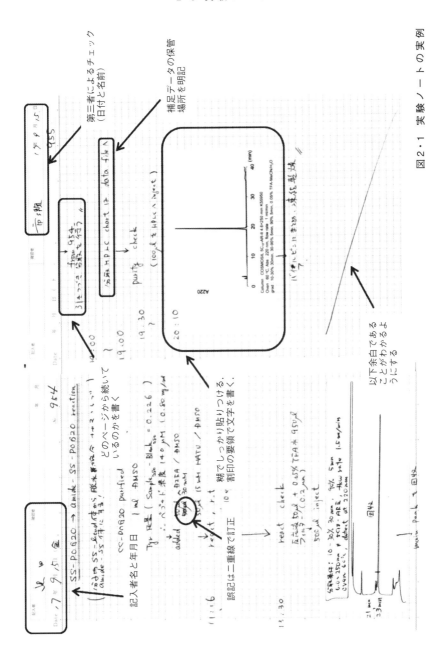

図2・1 実験ノートの実例

イルネームと保存先をノートに記載する．その場合，一次情報であるデジタルファイルを後に改変してはならない．また，成果が物理的にノートに貼れないもの（たとえば大きすぎる紙や立体物など）であった場合には，写真をノートに張り付けると同時に，現物にも「ノート○○ページに記載」といった目印をつけておく．つまり，ノートをみればすべての一次情報の紐づけが行えるようになっていればよいのである．

2・3・2 実験ノートの帰属と保管

　実験ノートとノートに記載された情報は誰のものなのであろうか．実験ノートを自宅に持ち帰って勝手に処分してはならないので，少なくとも実験者のみに帰属しているものではないのは明白である．研究機関（大学）の持ち物であることを主張するのであれば，大学がノートを一括購入して必要な分を研究室に配分し，研究者に貸与すべきであるが，一般にはそうなっていない．したがって，実験ノートの帰属は研究室であると考え，その中に含まれる情報は，個人，研究室，研究機関，三者の共通の資産であると理解するのが妥当である．

　マートンは研究成果の共有性を説いているが（第1章），研究者の熾烈な先陣争いに見られるように，研究過程においてはその内容が外部に漏洩することは望ましくない．したがって，部外者が自由に閲覧できる場所にノートを保管してはならない．だが一方で，実験ノートに記載された情報は，共同研究者あるいは研究室メンバーには公開され，共有されるべきものであるので，たとえば施錠できる個人の引出しに保管することも好ましくない．これらを総合すると，実験ノートは，部外者が自由に入れない部屋であり，かつ，研究室のメンバーが自由にアクセスできる場所に保管することになる．また，研究室の主宰者は，その保管に責任をもつとともに，メンバーに実験ノートの取扱い方法，および研究室内の情報管理のあり方を周知させる必要がある．

　実験ノートは可能な限り長期間保管される必要がある．その期間は，研究機関によっても異なるが，短くても5年以上とされていることが多い．実験の一次情報は貴重なものであるから，スペースの関係からやむを得ず廃棄せざるを得ないときには，写真を撮りデジタル化するなど，永久保存のための努力を払わなければならない．

　本項では，手書き実験ノートについてのみ述べたが，コンピュータサイエンスなどの分野では実験ノートをほとんど必要としない分野も多い．このような

場合には，作業のログをこまめに残し，改変を加えていないデジタルの生データを保管する．すべての情報は，個々の研究者のコンピューターのみならず，研究室共通のサーバーにも保存する．自動的にサーバーに情報を保存できるシステムを構築すると便利である．また，研究室の主宰者はサーバー内の情報を管理する義務を負う．実験ノート，デジタルデータなどといった形式にかかわらず，保存すべき情報が適切でありそれが適切に管理・保管されていればよいのである．

2・4　企業における研究

　ここまでは，主として大学における研究について述べてきた．学生のなかには，将来企業の研究員として働くことを目的として，大学院に進学する者も多い．本項では，企業内部で行われる研究について，とくに化学やライフサイエンスにかかわる製薬系，食品系，化学系メーカーなどの研究所を想定して概説する．

　大学など公的研究機関であろうと企業であろうと，研究という行為自体には大きな違いはない．最も大きな違いは，研究の目的である．大学が"真理の探究"という哲学的なものを大きな柱としているのに対して，企業の研究は"売れる商品をつくる"ことを目的とした経済活動の一環である．すなわち，大学の場合は，論文を書くことで"科学に新しい知をつけ加えること"を優先し，それを活用して社会貢献することは二次的な目標となるのに対して，企業の場合は"商品を開発し，会社に利益をもたらす"ことが評価され，新たな知を見いだすことが優先されるわけではない．不適切な研究活動（研究不正）の露見が企業において深刻に受止められる理由は，それが経済的な損失に直結するからである．近年，不正行為，あるいはその隠蔽が発覚し，大幅な減収，あるいは企業自身の存続の危機に至ったケースが複数報道されている．たとえば，製薬企業においては，実験（臨床試験）データの不正な操作によって，本当はさほど効果のない新薬があたかも優れているように宣伝され，患者に多数処方されたというケースがある（第4章参照）．企業においても法を遵守することと研究倫理の徹底は大きな課題である．

　人の生死にかかわる製薬企業においては，大学よりもはるかに厳しい基準で，実験データの管理が行われている．その多くでは，手書きの実験ノートの代わりに，**デジタル実験ノート（電子ノート）**を使用することで，記載形式の共通

化，データ管理の一元化と，検索の利便性向上を実現している．また，研究の客観性を担保するために，人材の配置や，開発ステージごとの分業化にも配慮がなされている．

従来からわが国では，大学および大学院は学生を研究者として教育し，企業に人材を供給することがおもな役割であり，商品開発は企業が主体となって行われてきた．しかし今日，革新的な新商品を開発するには，企業内部の研究能力だけでは不足であり，それがわが国の国際競争力の低下につながっている．特に頭脳集約的特色が強い業界においてその傾向が著しい．そこで，近年，産（企業）と学（大学）とが連携して研究開発を行おうとする流れが加速している．つまり，大学のシーズを企業がすくい上げて開発段階の初期から資金を投入する"オープンイノベーション"である．オープンイノベーションを効果的に進めるために留意すべき点については第3章で述べる．

2・5　論理性の涵養

自然科学の優れた特質の一つは，結論に到達する過程において文化的な相違の影響をほとんど受けないことである．数学における証明は世界中の数学者を同じように納得させる力をもっており，物理学における理論が実験で証明される過程そのものに異論が唱えられることはない．こうした事実は，人類に共有される"論理"があることを示している．ライフサイエンスでは対象が複雑であるため，数学の証明を検証する際のように時間をかければ仮説の正しさが証明できるというわけではないが，それでも研究が前進するうえでは論理の力が不可欠である．研究室におけるトレーニングにおいて，論理性の涵養は重要な位置を占めている．近年，論理性を身につけることの重要性はさまざまな場で指摘されているが，実験結果という材料を基に，具体的な仮説を組立て，さらにはこれを検証，評価するというプロセスは，論理性を習得する優れた訓練法である．ビギナーは，実験手技を失敗することもあれば，実験デザインが悪いせいで意味のある進捗に結びつかないこともある．そのような試行錯誤のプロセスにかかる費用や時間は相当なものであり，これはある意味非常に贅沢なトレーニング方法なのである．論理性の涵養には，論理的思考を身につけたメンターからのフィードバックが欠かせない．大学をはじめとする研究機関にはメンターを務めることができる教員がたくさんいる．

2・5 論理性の涵養

27

2・5・1 ディスカッションにおける望ましい態度

研究室では，セミナーや教員とのディスカッションを利用して論理性について学ぶことができる．まず，こうしたディスカッションにおいて望ましい態度について述べる．

a. 根拠を確認する　　適切な形で議論が成立するためには，主張には根拠が伴うことを意識しなければいけない．論者が何に基づいて主張しているのかを示す必要がある．根拠には，法律に代表される規則や以前に交わされた合意，あるいは主張を裏づける数値的なデータといったものがある．根拠を示さない発言は，単なる好き嫌いや，自らの思い込みを主張しているだけかもしれない．主張そのものに対する反論は，双方が根拠を示さない限りは水掛け論に終わってしまう可能性が高い．しかし，根拠が示されている場合は，それがどの程度妥当なのかを検証，議論することを通じて，より高い水準の結論に至ることができる．また，根拠と主張とのバランスは重要である．根拠が弱ければそれに合わせて主張のトーンは下げるべきであるが，一方で強い根拠をもつにも関わらず弱い主張に留まっていては，建設的な議論につながらない．根拠の強さを適切に評価することは初めのうちは難しいが，ディスカッションの中で批判を受けることを通じてしだいに身につけることができる．根拠の強さに関する同意があらかじめ形成されている専門家同士のディスカッションは，一般に効率的である．一方で，研究者が社会と対話をする際には，根拠の妥当性について，普段よりはるかに丁寧に説明することが必要である．

b. 正確な表現　　自然科学の議論では，具体性のある説明，あるいは主張が望まれる．"AはBに関わることが示唆された"といった表現は研究報告の定番であるが，このままではどう関与するのかが明らかではない．AはBを増やすのか，減らすのか，具体的な言明が必要である．"〜は増加した"という表現も，ほんの0.1％増えただけなのか，あるいは何十倍にも増えたのかでは評価が異なるだろう．また，0.1％では何の意味のない研究もあれば，0.1％の変化がきわめて大きな意味をもつ研究もある．後述するが，何と比較するかによって，同じデータであってもその意義は変わる．実験結果を報告する経験を通じて，出来事を正確に説明することがいかに難しいかを認識することになるだろう．

c. 質疑の対応関係　　研究室におけるディスカッションを日常会話と比較すると，明らかにそのスタイルは異なる．質の高いディスカッションを行う

ためには，質問とその回答とを1対1に対応させることが大切である．日本語の場合，最後まで話を聞かないと肯定なのか否定なのかわからないことは珍しくないが，科学研究の質疑応答では結論を後回しにしてはいけない．質問は，"はい，いいえ"で答えるものと，説明が必要なものの2通りに分けることができるが，前者については結論を先に述べることが大切である．後者についても質問者が何を知りたいかを重視して，そこから説明することが大切である．反論や追加の説明，自分の意見などはその後でよい．問いかけに対して重要度の高い情報を優先して答えていくことを意識する必要がある．厳しい時間の制約がある学会での口頭発表では，質疑が途中で遮られることもある．そうした場合においても，重要なメッセージは伝わっていることが理想である．

　議論が曖昧になったり，あるいは迷走したりする理由の一つは，回答が質問に対してきちんと対応していないことにある．たとえ対応関係が多少悪くなっても，相手の機嫌を損ねるくらいならば黙っておこうという姿勢は，議論の質を低くする要因である．質の高い議論を求める相手に対して，過剰に遠慮した態度をとることや，自らの意見を控えることは，むしろ失礼な印象すら与えるものである．第三者として他人の議論を観察すると，質疑がかみ合っていないことに気づくことは比較的容易である．研究室のセミナーのような複数のメンバーが議論する場では，何が議論の焦点なのか，自分ならばどう答えるかを常に考えるとよいだろう．

　d. 図式化　ディスカッションの前に準備の時間がある場合は，問題を図式化しておくとよい．比較的簡単な課題であっても，図式化することで，議論の盲点や自身の思い込みに気づくことがある．あるいは，自分の主張を一度文章に起こしてみることで，客観性を点検することができる．文章にするためには主張が一貫し，議論に構造が与えられている必要があるが，本当は不完全な議論であっても頭の中で考えている段階ではそのことに気づくことは難しい．これらは実際に手を動かして作業することが大切である．簡潔でポイントを外さない議論は，図式化した場合にクリアなものが多い．図式化しにくいのであれば，それはまだ整理が不十分なテーマということかもしれない．

2・5・2　問題のある議論

　どういう議論が優れた議論かを考える前に，ディスカッションではどういうことを避けなければいけないのかを考察する．これらを意識しすぎて発言が

2・5 論理性の涵養　　29

減ってしまっては意味がないが，他人同士の議論を聞く場合には，それぞれの発言のどこに問題があるのかを探してみるとよいだろう．

a. 主題からの逸脱　　議論には主題（テーマ）があり，議論の目標はこの主題について建設的な方向で合意することである．短時間での合意が難しい場合もあるが，そのようなケースでは問題点を整理し，どのように枠組みが変われば次の機会に合意できるのかを明らかにすることを目指す．一方，議論の向かう合意地点に不満をもつ人たちは，しばしば主題から脱線することを通じて，議論そのものを無効にすることを狙うことがある．あるいは意図はなくても，特定の発言が議論の進展を阻害することがある．たとえば，相手に対する人格攻撃や，極端な事例を出して批判を重ねることは，議論の主題から参加者の注意を逸らす効果がある．自分の意見に対する批判と，自分に対する人格攻撃を冷静に区別して対応することは，よい議論に必須の条件であるが，実際には混同されることも多い．相手の主張をあえて拡大解釈，あるいは曲解したうえで，それを対象とした批判を重ねることは**わら人形論法**としてよく知られている．閉鎖空間での喫煙の制限を求める論者に対して，喫煙の禁止は愚行権の侵害だと反論することは，喫煙場所の制限という問題を拡大解釈して，喫煙の全面的な禁止（これが「わら人形」に相当する）と受止めて反発している．説明が不十分で曖昧な主張は，わら人形論法の標的となりやすい．主張の根拠としている閉鎖空間での喫煙の悪影響について詳しい説明を最初に加えるだけで，"全面的な嫌煙派"というわら人形を立てられる可能性は低くなる．議論には枝葉の部分と幹の部分がある．常に幹に相当する主題から離れないよう注意をするべきである．

b. 曖昧な言葉遣い　　一般的な会話では，主語を省略することや，定量的な説明抜きに大小関係を説明することがある．あるいは，実験の結果を尋ねられて，"ダメでした"と答えることもあるだろう．しかし，議論の際のこうした省略はいずれも混乱の原因となる．誰がそういう判断をしているのか，どこで展開された議論なのか，どの程度大きいのか，あるいはどこがうまくいかなかったのかといった細部を丁寧に説明することが大切である．

特別な用語を使う場合，ディスカッションに参加する人たちがその用語のさす内容について一致した理解を共有していなければならない．長時間ディスカッションを重ねた末に，用語に関する共通理解ができていないことがわかるようでは時間の無駄である．**パラダイムシフト**（paradigm shift）という言葉で

有名な科学哲学者であるクーン*の著作では，"パラダイム"がさす内容がきわめて多義的であることが，その後の議論の混乱の原因となった．弁舌の立つタイプの論者は，議論の展開に応じて使用する用語の意味を少しずつずらしていくことがある．適当なタイミングで用語の定義を確認することは，議論の方向性を修正するうえで有用なことがある．

c. 前 提 の 誤 り　　議論の前提が不適切である場合，その後の議論は意味のないものになる可能性が高い．いくつかの可能性が実際には想定される中，そのうちの一つに最初から絞って主題が設定されているケースなどがこれに該当する．

誤りが証明できない限りその主張は正しいという議論はよくあるが，誤りが証明できないことがその主張の正しさを担保するわけではなく，正誤の判断ができないだけである．正しいと主張するためにはその根拠が必要である．たとえば，"ピラミッドは宇宙人がつくった"という主張が誤りであることを証明することは困難である．当時の人間の技術力がピラミッドを建造するうえで十分に高かったことを示すような証拠は見つかっていないため，当時の人間がピラミッドをどのようにしてつくったのかという疑問は残る．しかし，それは"宇宙人がつくった"という主張が正しいことの根拠ではない．正しいと主張するためには，宇宙人がつくったことを示す証拠を別に示す必要がある．

d. 因果関係の推論　　異なる二つの指標の変化がよく一致することを**相関**があるという．文部科学省の有名なキャンペーンに"早寝早起き朝ごはん"というものがあるが，その資料には，朝食を毎日食べているグループの方が，国語や数学のテストの平均点が高いことが示されている．この傾向は何年も継続していることから，朝食をとることと国語や数学の成績には相関があることがわかる．それでは，この結果だけから，朝食をしっかり取れば成績が向上するという結論は得られるだろうか．何となく生活習慣が朝方になると，成績も向上するのではと考えてしまうが，実際には両者の間に原因と結果という関係（**因果関係**）があることを結論づけることはできない．たとえば，家庭が裕福であるという別の条件が，朝食をとる生活環境と，子どもの成績が高いということ双方の原因かもしれない．あるいは，実際には因果関係が逆で，成績のよい

---

* トーマス・クーン（Thomas S. Kuhn, 1922-1996）：哲学者．ハーバード大学で物理学を専攻し，その後，科学哲学の分野に転向した．主要な著書である"科学革命の構造"はさまざまな論争をひき起こし，科学哲学の分野に大きな影響を与えた．

中学生ほど，生活サイクルを整えることの重要性を理解しているという可能性もある．たくさん情報を与えられると，容易に相関を見いだすことができるが，一方でそれは常に因果関係を示すものではない．また，データを集める手続きのせいで**見かけの相関関係**が生じることもある．ある大学の入学試験は筆記試験と面接試験の両方の成績を加算して評価する．合格者の成績の内訳を調べると，面接試験の点数の高い学生ほど筆記試験の成績が悪いことがわかった．このとき，よい印象を与える学生ほど学力は低いものだといえるだろうか．ここでは，表面的には相関が生じているが，それは比較する集団を合格者に絞ったことで生じる偽の相関である．合格点は決まっているので，合格した学生のみを調べれば，どちらかが低ければもう一方の点数は高くなるのは当然である．受験者全員を調べれば，何の相関も認められないかもしれない．

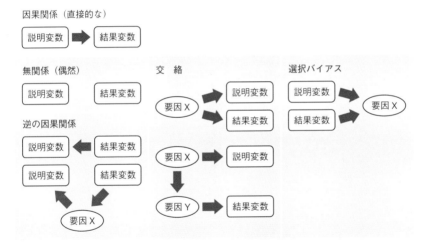

図 2・2　因果関係ではない相関関係の例

相関関係が認められる二つの指標において，因果関係以外にどのような関係性が生じうるかについて図示した（図2・2）．ここでは，"説明変数"としているデータが，"結果変数"というデータの原因と想定するケースを示している．すなわち，"説明変数"が"結果変数"の直接の原因となっていれば"因果関係"が成立している．最初に考える必要があるのは，"偶然"相関関係があるように見えることもあるということである．たとえば，2000～2009年のアメリカの統

計を参照すると，1人当たりのモッツァレラチーズの消費量と，土木工学の博士号の授与数はきわめて高い相関関係を示す*. しかしながら，両者の間に何らかの因果関係があると考える人はいないだろう. また，前述した事例を当てはめると，"早寝早起き朝ごはん"の事例は**交絡**を，入学試験結果の解析では**選択バイアス**を，それぞれ見ているという可能性が考えられる.

　因果関係の決定は，自然科学の研究においてきわめて重要な問題である. 医学の世界では，"使った，治った，（だから）効いた"という時系列の変化のみを根拠にして治療法の有効性を示すことが**3た論法**とよばれ，安易な結論に飛びつくことが戒められる. "治った"を導く理由は，（その治療法を）"使った"からとは限らない. 民間療法が奇跡的に効果を発揮したように見える患者の中には，標準医療を並行して受けているものもいる. その場合，どちらの治療法に効果があったかを簡単に決定することはできない. 実験科学では，自然現象の観察から得られた情報を基に仮説を立て，それを検証するために実験を行う. これは**介入**というステップを加えることにより，因果関係を証明しようとするものである. あるスイッチが押されるタイミングと明かりがつくタイミングが一致しているとき，観察しているだけでは別の仕組みがある可能性を排除できないが，自分がその部屋を管理し，任意のタイミングでそのスイッチを押すこと（これが"介入"である）ができれば，スイッチと点灯との因果関係はかなり強く確信できるだろう.

　e. 拙速な一般化　　議論の中で一般化を行う際には慎重な態度が必要である. 情報が限られているときに，それらを基に一般化をすることには危険が伴う. 日常生活の行動では，知識と経験を比較する際には，自分が経験したことを重視することが多い. しかし，議論では自らの経験に重きを置くことが，より広い問題を考えるうえでの適切な判断を妨げることがあることに注意を払う必要がある. 自社の若手社員との人間関係に基づいて，"最近の若者は…"とひとくくりにして議論することは，実態から乖離した議論につながる. 政府が招集する有識者会議では，しばしば委員が自らの経験を披露するが，個人的な意見に影響されて国の施策を決めることは，拙速な一般化という過ちを犯すこ

---

　*　たくさんの統計値を比較するときわめて高い相関関係を示すペアを見つけることができる. これらのペアのほとんどは偶然であり，因果関係はない. そうした疑似相関の事例を集めたウェブサイト（http://www.tylervigen.com/spurious-correlations）があり，最近書籍化された〔T. Vigen, "Spurious correlation", Hachette Books（2015）〕.

とになる.

f. 一貫性の欠如　　ビギナーが, 教員や研究室の先輩と議論する場合には, 自らの知識や考察の不足を意識するあまり, 一貫性のある主張ができないことがある. また, 実験科学の研究室では, "私の技術が不十分なせいかもしれない" というコメントが学生から返ってくることがある. 実験者が自信がないという理由で無限に後退してしまうようでは, 研究を進めることは難しい. 問題点を明らかにするためには, どこまでが確実なことで, どこからが誤りの可能性があるのかという, 境界線を見つける必要がある. 結果を報告する前に, この話はどこまでが確実でどこからが推測なのかを考えておくとよいだろう. また, 自分の主張が間違っている場合も, どこまでが適切であったのか, どこからが怪しい議論なのかを相手と協力して明らかにする姿勢が求められる. 境界線をみつけるためには, 一貫性をもつことが大切であり, 間違いがあった場合も最初の姿勢をいったんは維持しつつ議論を進めることで, どこからが自分の間違いなのかを見いだすことができる.

2·6　統計学の重要性

　実験科学では, 何かの量を測定し, 得られたデータを比較するという活動が大きなウェイトを占める. ここで重要なことは, "データを集める" ことと "比較する" ことである. どちらも十分な知識をもたないまま取組むと, 研究不正と見なされる可能性すらある. 研究の進め方の実際については本章の前半で説明したが, ここでは研究倫理と関連の深い側面についてふれる.

2·6·1　データの収集

　実験から得られる測定値のばらつきや, 正確さ, 再現性といった問題を理解するためには, 測定機器の精度や原理, 自分の実験操作の正確さを把握していなければならない. たとえば, その測定値の有効数字が何桁あるかを把握するといったことである. 質の高い研究成果を生み出すためには, 質の高いデータを得る必要がある. また, 逆にどういう方法で収集すれば質の高いデータが得られるかについて, 実験を始める前に十分考察することが大切である.

2·6·2　統　計　学

統計学は得られたデータを解析する手法を理解するうえで研究者にとって必

須の学問であるが，特に化学やライフサイエンス関係の学部におけるカリキュラムでは軽視されていることがある．2013年に発覚した**ディオバン事件**では，臨床研究に携わる医師の多くが統計学の基本的な手続きを理解していないことが明らかとなった．統計学の利用は研究領域によっても相違があるが，たとえば臨床研究では，研究計画の段階で統計学の専門家が加わり，どの程度の変化を見いだそうとするのか，そのためにはどの程度の数で調べる必要であるかといった検討を事前に行う．比較を行うためには，注目する集団に対する対照（たとえば，医薬品投与群に対する非投与群）が必要であるが，統計学の知識が不十分な場合，注目する集団の記録しか残さないために対照との比較ができず研究対象にならないといった問題が生じる．ある疾患に対する医薬品の影響を長期間にわたって調べる場合，その医薬品を投与された患者のデータだけからわかることは少ない．同じ疾患でその医薬品を投与されていない患者のデータや，同じような集団でその疾患をもたないグループのデータを得ることで，はじめて科学的に意味のある解析ができるようになる．

　研究の中で大きな位置を占める"比較"であるが，どの程度の差があれば大小関係があるといえるだろう．二つのグループの比較と同じやり方でたくさんのグループを比較してもよいのだろうか*．少しでも差があれば，変化があると結論してよいのだろうか．実測値はしばしば同じことを繰返してもばらついてしまう．ばらつきのある数値群の大小関係はどう決定すればよいのだろう．実験科学は統計学に大きく依存しており，これらの疑問は統計学を学ぶことで解決することができる．

　米国の作家であるマーク・トウェインによる"世の中には3種類の嘘がある．嘘，大嘘，そして統計だ"という警句は有名であるが，統計学の知識を十分にもたなければ，もっともらしく示されたデータのごまかしを見つけることは難しい．生データをどのようにまとめて示すかという方針には複数の選択肢があり，どれを選択するかという決定には解析者の意図が反映する．最終的な図表から，背景にある情報を推測するためにも統計学は重要なツールである．統計学で嘘をつくという事例がある一方で，統計学が不正を明らかにすることもし

＊　2群間の比較は統計学における基本であり，**スチューデントのt検定**（Student's t test）をはじめとする検定法はよく知られている．一方で，3者以上の比較において，2群間の検定法を繰返し用いることは，後述する偽陽性の危険性を高めることになるが，査読のある学術誌でも訂正されていないことがある．3者以上の比較では多重検定の考え方を採用する必要がある．

2・6 統計学の重要性　　35

ばしばある．撤回論文数が世界一であることで有名なわが国の麻酔科医の研究
不正では，論文に掲載された結果が現実には起こりえないことが，統計学の手
法を用いて詳細に解析され，その疑義が論文という形式を用いて告発された＊.
この麻酔科医に対する国内の調査では，名義の貸し借りをしていた共著者につ
いては研究不正をしていないという結論であった．しかし，この研究者の論文
もまた統計学的にありえないデータで構成されていることが明らかとなり，や
はり学術誌という場において疑義が告発された．人為的なデータの操作は不自
然な傾向をつくり出すことがあり，それは統計学によって明るみに出すことが
できるのである．

　情報化社会の進展は，収集された巨大なデータ（ビッグデータ）をどう取扱
うかという新たな課題を提示している．統計学的な素養は巨大データの解析に
も必須である．今後の科学研究の基礎として，統計学の重要性はますます高ま
ることが予想されている．ここでは，研究公正の観点から，統計学を学び，活
用するうえで注意するべき点をあげる．統計学そのものの学修に役立つ参考書
については章末に紹介した．

　a. 統計的な解析を始める前に　　実験計画には，実験対象，方法，解析手法
といった要素が含まれているが，これらは原則として事前に決定されていなけ
ればならない．不正が疑われた臨床研究の事例では，解析とデータ収集が並行
しており，望ましい解析結果が得られるまで事例が追加されていたものがある.
結果を見てから研究デザインや解析手法を変更することは，特に臨床研究のよ
うに仮説の可否を問うものでは不正行為に相当する．最近では，臨床研究の計
画は事前に登録することが奨励されており，登録されていない研究の成果は論
文として受付けないという方針が認められつつある.研究計画の事前登録では,
どれくらいの規模で，何を（たとえば死亡率など），どのような統計手法で評価
するかを宣言する．よって，実際に研究がスタートしたら解析，報告までは原
則として中途変更はできない．

　実験計画では，そもそも何を仮説とするのか，標本サイズ（データとして収
集する数のこと）は適当か，ランダム化をはじめとしたバイアス（後述）を減

＊　2012年に日本麻酔科学会によって，東邦大学医学部麻酔科の准教授が著者である172の論文に
おいてミスコンダクトがあったことが発表された．"あたかも小説を書くごとく"捏造論文が作成
されたことが明らかにされた．2017年の時点で183報が撤回されており，世界一の記録となって
いる．2000年から専門誌では疑義が寄せられていたが，告発が取上げられるまでに10年以上が
経過し，この間，日本麻酔科学会の医薬品ガイドラインにも引用されていた．

らす手立てはとられているかといったことを点検する必要がある．また，実験の反復により再現性を確認できる場合は，こちらも何度繰返すかをあらかじめ決めておくことが望ましい．ライフサイエンスでは，生物学的な要因により生じる変動（個体差や季節的な要因など）と技術的な要因により生じる変動（実験者の違い，測定機器の精度）が区別されずに解析が行われていることがある．両者について，それぞれどの程度の変動があるかを推測しておくことも大切である．

b. 仮説検定の考え方　　実験科学では対照群と試験群との大小関係を統計的に比較することがしばしばある．通常は，両者は同等である（差がない）という仮説を設定し，これを検証する．この仮説を**帰無仮説**という．実際に実験者が関心をもつのは，帰無仮説と反対の方であり，これを**対立仮説**という．仮説検定の手続きでは，ランダムな変動として起こることが滅多にない（そうなる確率はきわめて低い，たまたまとは言いにくい）場合に，帰無仮説を棄却する．正確に表現すると，"両群に差がない，とはいえない"という結論となる．一方で，帰無仮説を棄却できない場合に，"両群に差がない"と解釈することは誤りである．標本サイズを大きくするという仮定を考えて見るとわかりやすいが，実際には差があるが検出できなかったという可能性があるからである．

　母集団である自然現象としてはもともと差がないにも関わらず，誤って差があると結論する（帰無仮説を棄却してしまう）ことを，α **エラー**，あるいは**第1種の過誤，偽陽性**という．学術誌，特に一流と評価される学術誌は"インパクトのある"成果を求めることから，実際には α エラーに過ぎない報告が投稿される傾向が高い．α エラーは本質的に研究者が喜ぶタイプの過誤であり，研究室内で実験者を交代することや，あるいは他の研究グループが検証することを通じて，再現性を検証し，適切にこれを回避することが必要である．一方，本当は両者に差があるにも関わらず，これを検出できないことを β **エラー**，あるいは**第2種の過誤，偽陰性**という*．

　仮説検定の際に，帰無仮説が真である（本当は両群に差はない）にも関わらず，得られたデータが帰無仮説に適合しない（差がある）ことが起こる確率のことを p **値**という．仮説検定では事前に閾値としての p 値を決めておき，データ

＊　統計学のテキストでは，α エラーは"あわてんぼう（本当は差がないのにとびつく）"の，β エラーは"ぼんやり（本当は差があるのに気がつかない）"のエラーとして覚えることが推奨されている．

から得られた p 値がそれより小さい場合に帰無仮説を棄却するという手順がとられる. p 値が小さいことは, 偶然に起こる確率が低いことを示しているが, 両群の差が大きいということではない. 逆に, p 値が大きい場合は, 帰無仮説を否定するほど珍しいことではない (偶然でも生じる程度の差) ということになる.

仮説検定にはさまざまな手法が存在するが, 得られたデータのタイプや, 比較の観点に基づいて適切に選択しなければならない. 実験計画を立てる際に, セットで検定手法をあらかじめ決めておく. 一つのデータセットが複数の解析の対象となることはありうるが, データを吟味してから好ましい検定手法を選択することは, データの理解の本質からは遠ざかる行為である.

c. p 値の操作　　仮説検定の際に基準とする p 値のことを**有意水準**というが, 慣例的に 0.05 が用いられることが多い. p 値が 0.05 より小さい場合を有意な差とし, 大きい場合は意味のある差ではないとする. しかし, 有意水準は目的にあわせて設定するものであり, 0.05 という値がよく用いられることに特別な根拠はない. グラフや表では＊印をつけて有意な変化であることが示される (＊＊印が $p < 0.01$ といった定義がされることもある) が, 有意差の有無のみを示すよりは p 値をそのまま表示する方が望ましい. p 値が有意水準を下回らない限り変化について議論することは適切ではないという誤解は, 特にライフサイエンス領域では蔓延しており, 米国統計協会は 2016 年に p 値を重視しすぎることの弊害について声明＊を出している. 現状は, "p 値が 0.05 より大きいのだから大小関係の議論は一切できない" といった極端な主張が行われることすらあるが, 今後は推定値の確実さを表現する信頼区間など, 異なる指標を用いるようになることが予想される. 繰返しの数や検体数が小さい場合は, すべてのデータを散布図として示すことも最近では推奨されている.

p 値至上主義は, 恣意的に p 値を小さくするという不正の誘因となってきた. これを **p 値ハッキング** (p-hacking) とよび, さまざまな方法が知られている (表 2・1). p 値の操作が盛んに行われていることは統計を用いた数多くの論文を対象とした**メタ解析** (複数の論文のデータを統合的に解析すること) から証明されており, $p = 0.05$ の少し小さい側に報告が集中する傾向がある. 人為的なデータの操作がなければ, p 値の分布は 0.05 前後で大きな変化はなく滑らか

＊　米国統計協会による声明. R. L. Wasserstein, N. A. Lazar, 'Editorial: The ASA's statement on p-values: context, process, and purpose', *The American Statistician*, **70**, 129-133 (2016).

な分布を示すはずである．この種の不正の予防には，実験計画の登録や生データの公開といった透明性の確保が役立つ．

表2・1　p 値ハッキングの6箇条[a]

1. $p < 0.05$ になったらデータの収集をやめよ
2. 数多くの指標を測定せよ．しかし，報告するのは $p < 0.05$ のものだけだ
3. さまざまな条件で測定せよ．しかし，報告するのは $p < 0.05$ のものだけだ
4. 共変量[†]を用いて $p < 0.05$ にもち込め
5. データを削除して $p < 0.05$ にもち込め
6. 事後的にデータを変換して $p < 0.05$ にもち込め

[†]　評価対象の要因以外に観測され，分析に影響を及ぼしうる要因のことを共変量という．
[a]　L. D. Nelson, "False-positives, p-hacking, Statistical power, and evidential value", Berkeley Initiative for Transparency in the Social Sciences (2014).

　2015年にドイツのテレビ番組が，"チョコレートにはダイエット効果がある" という研究成果を学術誌に掲載し，ネット上にしか存在しない架空の研究所からプレスリリースを出すという社会実験を行った*．ヒトを対象とした試験自体は実際に行われたのだが，わずか16名が3群に割付けられ，18の検査項目が測定された．その結果，チョコレート群で統計学的に有意な10%の体重減少が認められ，コレステロール値も改善が認められた．これは，典型的な p 値ハッキングの事例であり，学術的な価値はない．少ない標本サイズでたくさんの指標を調べると，α エラーによる "有意な差" を見つけやすくなるため，試験のデザインそのものが不適切なのである．しかしながら，世界中のメディアがこのニュースに飛びつきネットで "チョコレート＋肥満" を検索するとこの研究成果がトップに出てくるようになった．科学研究が社会に受容される経過を調べる試みとしてはユニークなものであったが，医学的にナンセンスな臨床研究に従事したという理由で，関わった医師は後日懲戒処分を受けている．

　d. 確率と再現性　　通常，実験では仮説を立ててからそれを検証するが，先に結果がある状態で仮説を組立てるとどんな問題が生じるだろうか．観測した現象を基に仮説を立てることは多くの研究者が日常的にやっていることであ

---

　*　ドイツのテレビ番組（ドキュメンタリー）"The Chocolate Diet: A Scientific Hoax Go Viral"（k22 Film & Entertainment 製作，2015年）のエピソード．内幕の記事もネットで公開されている．NHK-BS でも2017年に放映された［https://io9.gizmodo.com/i-fooled-millions-into-thinking-chocolate-helps-weight-1707251800］．

り，何も問題はない．しかし，次のようなケースには注意が必要である．

> 大きな箱にビー玉がたくさん入っている．箱をゆらすとビー玉は転がり，箱の中である分布をする．ビー玉はランダムに分布するので，ビー玉が存在しないある程度の大きさのエリアを見つけることができる．ここで，"このエリアにビー玉が一つも存在しない確率はきわめて低い．このエリアはきわめて特異な性質をもっている"と結論してよいだろうか．

ここでは，箱をゆらす試行を複数回繰返し，注目するエリアにビー玉が存在するかどうかを検証するという手続きが省略されているところに問題がある．最初からあるエリアを指定して，そこにビー玉が配置されるかという問いに切替えてみれば，最初の議論のおかしいところに気づくだろう．箱の中にビー玉が分布する際にはいろいろなパターンが考えられるが，ランダムであるということは図2・3におけるBのような分布を示すことである．統計学の知識がないと，ランダムな分布としてAのようなものを想像することがあるが，これは各ビー玉間の距離がだいたい同じという点でかなり規則性の高い分布である（一方で，Cがランダムでないことは直感的にも理解しやすい）．真にランダムな分布では，Bのようにビー玉が存在しないエリアを見いだすことができるが，大切なことはその位置は試行のつど変わるということである．

図2・3 ランダムな分布とは？

観察した結果に基づいて特定の現象に注目することは，この種の誤りにつながることがある．実験のなかには繰返しが難しいものもあるが，そのような場合に後づけで仮説を考えることには注意が必要である．

2・6・3 バイアス

実験結果を適切に評価するうえでは，人間がもつ**認知バイアス**（認知の偏り）についての理解を深める必要がある．相関性の高い現象を見つけたときに，そこに因果関係が存在すると推測する傾向は，人類が生存するうえで進化上有利

に働いたと予想される．たとえば，さまざまな民族に認められる食物の毒性に関する言い伝えは，因果関係としては誤っているものも多いが，危険性のある食物を避けるという意味ではしばしば実用性がある．医師が統計データから得られる仮説を退け，自らの経験というわずかなサンプル数から構成された自説を重視する背景には，自分の経験に対する信頼がある．自分が実際に経験したことを重視することは自然であるが，一方で，それは統計学的に見れば特異な事例かもしれない．人類に備わる認知バイアスは，実験データを偏りなく解釈するうえではしばしば大きな障害となる．

人間の直感に反する一例をあげると，統計学における事後確率の考え方は素直に受入れることが難しいものの一つである．次にあげる具体的な事例について正しい答えを導くことができるだろうか．

> 閉まっている三つのドアがあって，一つのドアは正解で商品がもらえるが，残りのドアははずれである．挑戦者が一つのドアを選択した後，司会が残りの二つのドアのうち，はずれのドアを一つ開く．挑戦者はここで，自分が選択したドアを変更してもよいと言われる．挑戦者は変更すべきだろうか．

これはモンティ・ホール問題として米国では数学者まで巻込む大きな話題となった．正解は"変更する"である．行動経済学者のカーネマン*は，直感的な判断である"システム 1"と，熟慮することで引出される"システム 2"という分類をして，人間の意思決定のあり方を解析している．研究活動においてはシステム 1 に安易に支配されないことが大切である．

研究活動との関わりでは，選択バイアスを意識することも重要である．"あなたはこの情報をどのメディアで知りましたか？"という質問を設けたウェブサイトが話題になったことがある（ウェブサイトで質問すればウェブサイトからという回答が多くなることは当然予想されるため）が，同様の誤謬は実験科学においてもしばしば認められる．

医薬品の効果を検証するための臨床研究では，効果がないという情報にも意義があるが，学術誌の多くは効果が見いだされたことにしか価値を認めてこなかったために，現時点で公開されている臨床研究の結果はポジティブ（有効性あり）なものが濃縮されている．これを**出版バイアス**（あるいは公表バイアス）

---

* ダニエル・カーネマン（Daniel Kahneman, 1934-）：心理学者・行動経済学者．人間の意思決定に関するプロスペクト理論を提唱した．ノーベル経済学賞を受賞した．

という．先に議論したように，ポジティブな結果として報告されているもののなかには一定の割合で偽陽性が存在している．一方で，ネガティブな結果は報告されないため，公開された情報から医薬品の実際の効果を評価することは難しい．また，ネガティブな結果が報告されないという慣行は，見込みのない類似した臨床研究が繰返されることにもつながる．臨床研究を事前登録制として，結果のいかんに関わらず報告を義務づけるという最近の動きは，こうした問題点を解消することを目的としている．

2・7 指導者との関係: よい指導者とは

　実験科学では，研究室に所属し，メンターである指導教員（あるいは指導研究者）から研究の手ほどきを受ける．実験の手法やテクニックについては，同僚や先輩，あるいはウェブや出版物から学ぶこともできるが，研究に向かう姿勢，研究者としての態度といったものは，メンターとなる研究者から大きな影響を受けることが多い．そのため，学生の立場からは，よい指導者を見極めることが重要ということになる．ここでは，よい指導者にはどのような特徴があるかについて議論し，その後，指導者との関係について述べる．

2・7・1 望ましい指導者

　実験科学では，得られた実験結果をどう評価するかという姿勢が，研究の進め方に大きな影響を与える．研究に向かう姿勢は研究活動の実践と密接な関わりがあるため，これを学ぶためには，自ら研究活動に取組み，指導者からのフィードバックを受けるという方法をとるしかない．ある現象に再現性があると評価するためには，どれくらい試行を繰返す必要があるのか，あるいは別の観点から実施する再現性の確認実験はどの程度やれば十分といえるのか，こうした問いに対する適切な答えは，その実験の種類や学問分野によって異なり，高度に専門的な判断でもある．研究不正がどんな行為かは講習会に参加するだけで習うことができるが，実際の研究活動においてそれをどう当てはめるかは研究室の経験から学ぶことになる．研究公正を身につけるうえで望ましい指導者の特徴を以下にあげる．

　a. 人材育成に関心をもっている　　研究者と教育者の能力はイコールではないので，一方の側面が優れていることがもう一方の質を保証するわけではない．世界的な注目を集める研究を進めている一方で，ビギナーの指導は時間の

無駄と考えている研究者の門を叩いた場合，その研究者から実際的な研究の進め方を学ぶことは難しい．研究不正の常習者は，研究を学ぶ入り口のところで間違った指導を受けている（あるいは何も指導されていない）例が多い．憧れの研究者に師事するのは学位を得てからでもよいという考え方もあるだろう．

研究室内での指導は公開されているわけではないので，指導者が本当に人材育成に関心をもっているかどうかを評価することは難しい．"私は後進の育成には関心がありません"とか"私は研究活動を支える歯車となる人材を求めています"と公言する研究者はまれであり，学生はおおむね研究室からは歓迎される存在である．もし，研究室ですでに教育を受けている学生と話ができるのであれば，"研究室に所属するようになって，自分自身はどう変わったか"を尋ねてみるとよい．講義が主体の受身の学修状況から，実際に主体的に研究活動に取組むという変化は大きなものであり，健全な研究室であれば学生からはポジティブな回答が返ってくることが予想される．また，指導者の助言のなかで印象に残っているものをあげてもらうことも参考になるだろう．人材育成に関心のない指導者は，表面的な助言しかしないことが多く，研究の進捗以外には関心をもっていないことが多い．質問を受けた研究室の学生が，指導者の素晴らしいところを強調する一方で，自分がどう変わったかをうまく説明できない場合も要注意である．指導者のなかには強いカリスマ性を発揮することで研究室を運営している場合があるが，研究活動を学ぶうえでは必ずしもそれがプラスに作用するとは限らない．むしろカリスマ性の強さが，異論を認めないという形で研究室内の風通しを悪くしていることもある．

b. 研究中心主義である　　研究室の運営にはさまざまな側面がある．競争的な研究費を獲得するためには，論文を発表するだけではなく，自らの研究をアピールすることも重要である．大学教授や研究所のチームリーダーのクラスになれば，専門委員として行政に参画することもある．近年，公的資金配分の選択と集中に伴い，飛び抜けた影響力をもつ"スター研究者"の数も増えている．しかし，指導者の華々しい活躍と，その研究室における人材育成のあり方とは直接は関係がない．研究に向かう姿勢を学ぶという目標に相応しいのは，研究中心主義の指導者である．研究中心主義とは，大型研究費の獲得や，有名学術誌への成果の掲載よりも，むしろ学術的な意味での研究の進展に深い関心をもつということである．研究中心主義の研究者にはいくつかの特徴がある．一つは，研究テーマについてその歴史を語り，その中で自分を位置づけること

ができることである．もう一つは，決してオーバーなプレゼンテーションをしないことである．動物実験しかやっていないのに，ヒトのがんの治療法が明日にでもできるような話しぶりは危ない．学生に対して，そのような方向でしか研究の魅力を語れないような研究者はよき指導者とはいえないだろう．

c. 重層的・多角的な研究姿勢をもっている　　研究課題に対して粘り強く継続的に取組んでいる研究者は，再現性の問題を重視する研究者であることが多い．多角的な検証を重ねることによって，仮説はしだいに頑強なものとなり，確固とした人類の知識となる．研究課題を頻繁に変える研究者のなかには，その研究者の関心が早いタイミングで変化していくというケースもあるが，一方で，検証を続ける中で当初の仮説を維持できなくなったので次のテーマに移るというグレーな理由からそうなっている場合もある．後者の研究室では，意図的ではないかもしれないが，結果的に研究不正に近いことが起こっている．大きな話題となった論文を発表したにも関わらず，後続研究が論文として本人を含めどこからも発表されていないようなケースには注意が必要である．

2・7・2　指導者との関係

　学生はメンターから研究活動の手ほどきを受けるが，一方で同じ目標を目指して実験を進める共同研究者としての役割もある．初めのうちは，情報共有や関連する知識の不足から，不正行為に近いことをやってしまうこともある．研究活動の自由さに魅力を感じて，つぎつぎと意欲的に実験を重ねることもあるだろうが，自らの軌道修正をするためには指導者との交流が欠かせない．

　実験者が研究不正，あるいは疑わしい行為に関わるパターンは，大きく二つに分けられる．一つは指導者が威圧的である場合，あるいは実験者が自分の技術に自信がない場合である．こうした状況では，指導者が期待していないデータが得られた場合，不興を買うのが怖くてデータを破棄する，あるいは改ざんすることがある．もう一つは，実験者が指導者との関係をよくするために研究不正，あるいはそれに近い行為におよぶケースである．期待しているデータが得られたときこそ再現性に気を配る必要があるが，研究費の申請書の提出期限が迫っているようなタイミングでは指導者のガードが甘くなることがある．

　いずれの例においても，指導者と実験者である学生との関係性に問題がある．期待通りの結果が得られないことは実験科学ではありふれたことであり，その際の状況を細かに検証し，適切な条件で再検討する，あるいは仮説の誤りを受

入れることが必要である．研究者はしばしば自身の仮説にこだわり，何度も検証しようとするが，その際に必要なことは実験条件を十分に把握することと実験結果の論理的な解釈である．実験では明らかなミスを犯すこともあり，最初のうちはありのままを報告することに躊躇もあるかもしれない．しかし，優れた研究者は実験に関するあらゆる情報を知ろうとするものだということを理解しておくとよいだろう．

こうした再実験が健全な環境で行われるためには，研究室内の風通しがよいことが大切である．研究室内で何が起こっているかを他の構成員が知ることには，不毛な再実験が繰返されることを防止する効果もある．

2・7・3 アカデミックハラスメント

アカデミックハラスメントは，学生や研究員に対する指導教員によるハラスメントである．個別に行う打合せにおいて強い調子で人格攻撃されることや，セミナーのような研究室の構成員全員がいるところで罵倒されるようなケースがある．研究指導を拒否する，あるいは学位の審査を受けられないように妨害するなど，指導者がその立場を利用して圧迫するような悪質な事例もある．アカデミックハラスメントの問題は本書では十分にカバーすることはできないが，研究室ぐるみの研究不正においてアカデミックハラスメントが背景にあることは珍しくない．指導者が期待していない実験結果を報告すると，実験操作の確認や，結果に関する議論をする代わりに，実験者の技術や取組む姿勢を批判するというのがよくあるパターンである．欲しい結果が得られるまでハラスメントが継続することもある．研究室が変質してしまっている場合，指導者だけではなく，その他のスタッフや学生が攻撃に加わることもある．

多くの研究機関においてアカデミックハラスメントの問題はうまく取扱えていない．どの機関においてもハラスメント相談の窓口はあるが，相談内容が指導者にそのまま漏洩するといった事例もある．そのハラスメント対応部署が具体的な成功事例（研究室におけるハラスメント問題の解決例）をもつのかをあらかじめ確認した方がよいだろう．現実的な助言としては，研究室の移籍が有効であり，その実現を目指すことが望ましい．在籍中に感情的な反応をすることは多くの場合，残念な結果につながる．ハラスメントを受けることにより精神的に不安定になることは当然であるが，できるだけ冷静に対応しなければいけない．

2・8 安全に研究を実施する/社会との約束を守る

"責任ある研究活動"を遂行するためには，社会との約束やルールを遵守することが必須である．何故なら，研究活動の中には，危険な化学物質を取扱う場合もあれば，生命を奪うことになる動物実験もあり，ヒトを対象とするものもあるためである．研究者が社会と結ぶ約束について，最近では，個々の規則やガイドラインが定められており，研究計画を事前に審査するための組織が大学内や研究機関内に整備されるようになっている．

研究機関では，"動物実験"，"遺伝子組換え実験"，"病原体等の安全管理"，"ヒトを対象とした研究"，"放射性物質を扱う実験"といった活動について，実験を開始する前に申請書を提出し，該当する学内の委員会で審査するという手続きが定められている．また，安全な研究の実施のためには，研究で使用する試薬・機器・実験材料などの保管・管理・廃棄方法について定められたさまざまなルールを守らなければならない．ここでは，具体的にどのようなルールがあるのかを紹介する．さらに，国際的な安全保障および公的資金の適正使用に関する社会との約束についても紹介する．

2・8・1 安全な研究の実施

実験科学では，人体や周囲の環境に悪影響を及ぼす可能性のある化学物質を使用することがある．自分や周辺の実験者の安全を守る，あるいは化学物質の拡散による環境への影響を抑制するためには，実験者が化学物質の適切な取扱い方を学ぶ必要がある．実験者は，化学物質の入手元（試薬の製造，販売メーカー）の提供する情報〔**化学物質安全性データシート**（material safety data sheet, MSDS）など〕や公的データベースを参照して，使用する化学物質の安全性や環境への影響を把握する必要がある．

わが国では，**化学物質の審査及び製造等の規制に関する法律（化審法）**が定められており，研究機関はこの法律，および関連する法令に従っている．放射性物質，特定毒物，覚醒剤および覚醒剤原料，麻薬は化審法の対象ではないが，それぞれについて規制がある．劇物や毒物は**毒物及び劇物取締法（毒劇法）**によって使用・保管・廃棄の方法が示されている．劇物や毒物に指定されている化学物質は，施錠された保管庫で厳重に管理する義務がある．放射性物質については，**放射性同位元素等による放射線傷害の防止に関する法律（放射線障害防止法）**および関連する法令により，その使用，廃棄，および汚染された場合

の取扱いが規定されている.

労働安全衛生法では特定化学物質という名称で一部の化学物質を規定している. 具体的には**特定化学物質障害予防規則（特化則）**によって使用が管理されているが，これは主として作業者の健康障害を防止するためである. 近年では，危険性のある化学物質を使用する実験におけるリスクアセスメントを実施し，その情報を実験者間で共有するという試みが始まっている.

2・8・2 動 物 実 験

1964 年の**ヘルシンキ宣言**は，医学研究の倫理的原則を示すものであるが，その中では実験動物の福祉の問題が取上げられている. 1974 年には国際実験動物委員会により "動物実験の規制に関する指針" が，1985 年には米国で修正動物福祉法がそれぞれ制定されており，主として実験動物の飼養環境や，苦痛や不快感を伴う実験に対する規制が示されている. **動物実験の 3R** 〔代替（replacement），削減（reduction），改善（refinement）〕は英国の研究者により提唱された原則であり，この 3 原則をふまえた実験計画を立てることが要請されている. すなわち，他の手法で代替できる動物実験は削減すべきであり，用いる動物数は実験や解析のデザインを洗練することを通じて，できるだけ削減する必要がある. 2006 年には，日本学術会議により**動物実験の適正な実施に向けたガイドライン**が作成され，国内の大学や研究機関ではこれに沿った動物実験の運営が実施されている. 動物実験を適正に実施するためには，机上の知識に加えて，実際に動物を取扱うための実習も必要であり，研究機関ではしばしば講習会が開催されている.

2・8・3 組換え DNA 実験

遺伝子組換え実験では，自然界の生物のゲノムが編集されることがあり，これが拡散することは生態系に予期せぬ影響を与える可能性がある. 生物多様性の保全や，生物の遺伝資源の利用から生じる利益を公正に配分することを目的とした**生物の多様性に関する条約**（1993 年），および 2000 年に制定された**カルタヘナ議定書**の方針に基づき，国内では組換え DNA 実験が規制されている. 国内では組換え生物の拡散防止措置を取らない実験を第一種，取るものを第二種使用と分類しており，第一種のすべて，および第二種の一部は大臣承認が必要である. 研究機関には組換え DNA 実験の研究計画を文部科学省の定め

た指針を基に審査する委員会が設けられており，第二種使用の場合，実験を実施できるエリアは制限されている．実験者は定期的に講習会を受講し，組換えDNA実験実施に必要な知識を確認，アップデートすることが義務づけられている．

2・8・4　ヒトを対象とした研究

　ヒトを対象とした研究を行う際には，対象者の人権および尊厳を重んじ，個人情報*の保護に留意する必要がある．臨床研究では，研究に参加する人たちの危険度が最小限で，参加することによって不利益を上回る利益が見込まれなければいけない．参加者の**インフォームドコンセント**（正確な情報を得たうえでの合意）を得ることは不可欠であり，そのために研究実施計画の内容を参加者に開示し，情報提供をしなければならない．ヘルシンキ宣言では，ヒトを対象とした医学研究の倫理的原則が網羅されている．ヒトを対象としたすべての臨床研究計画は，大学や研究機関の研究倫理委員会で審査されており，生命倫理，命の尊厳，安全性，自己決定権，個人情報の保護などの観点から審査され，研究実施が承認される．ヒトを対象とした研究には，ヒト由来の試料（血液，摘出された腫瘍など）を用いるものや，あるいはヒトから得られた情報（個人レベルのゲノム配列など）が含まれる．こうした背景のもと，ヒト由来の研究試料は通常匿名化された後に研究に用いられる．**匿名化**とは，個人情報から個人の識別に関係する情報を一部または全部取除き，その代わりに数字や符号をつけることをさす．厳密には，大学が学生に対して実施するアンケート調査も倫理審査の対象と考えられるが，どこまでを審査対象とするかについては，それぞれの研究機関の委員会が基準を設けている．

2・8・5　安全保障輸出管理

　国際的な学術交流が盛んになった今日，研究機器や試料を外国へ輸出したり

＊　個人情報とは，生存する個人に関する情報であって，当該情報に含まれる氏名，性別，生年月日，住所，年齢，続柄などにより特定の個人を識別することができる情報のことである．また，他の情報と照合することによって特定の個人を容易に識別することができるようになる情報も含む．たとえば，個人の身体，財産，職種，肩書，学歴・学習歴などの属性に関する判断や評価を表すすべての情報，公刊物などによって公にされている情報，映像や音声による情報などは，これらが氏名などと相まって特定の個人を識別することができるようになれば，それらも個人情報となる．

外国機関へ技術を提供したりする機会が増えている．仮に，それら行為の目的が純粋に学術的なものであったとしても，相手国側では，それらを軍事開発に転用する懸念が生ずる場合がある．国際的な安全保障の観点から，わが国も主要国と連携して，軍事開発への転用が可能な貨物および技術の輸出を適切に管理するための制度を定めている．経済産業省の"安全保障貿易管理"のウェブサイト*では，輸出が規制されている品目や，禁輸国などを公開している．**デュアルユース（軍民両用）**技術については第5章に詳述する．

2・8・6 研究費の適切な使用

研究予算の執行（研究費を使うこと）は指導者の責任のもと行われるが，研究室に所属する学生や大学院生を巻込む形で不正使用が発生することがあり，その手続きの概要を理解しておくことは重要である．研究費の不正使用が認定されると，公的研究費の申請が一定期間停止することをはじめとして，研究室における活動にも大きな影響がある．具体的なルールは研究機関ごとに定められており，昨今ではウェブページで開示されていることも多い．指導教員から詳しく説明がない場合は，確認しておくとよいだろう．以下に典型的な研究費不正の事例を紹介する．

a. カラ給与（カラ謝金）・還流行為　　大学では，**TA**（teaching assistant），あるいは**RA**（research assistant）という名称で，大学院生による教育補助，あるいは研究補助に対して給与が支給されることがある．これは大学院生個人を対象に支給されるが，指導教員がこれを回収して再配分したり，あるいは研究室の別の用途の支出に充てたりするという不正行為がある．また，実際には参加していない学会の旅費などを請求することは，**カラ出張**とよばれ，典型的な研究費不正の一つである．

b. 預け金・水増し請求　　研究用の試薬や機器の納入の際には，**検収**という手続きがある．これは，発注通りの試薬や機器が納品されたことを第三者が確認するためのものである．実際には納品のない発注と支払を納入業者と共謀して形式的に行うことにより差額をプールするという不正を預け金という．過去には，単年度予算の制約などの理由から生じる，研究費が使用できない期間があり，その不自由をかいくぐるために行われたこともあった．一方で，研究

＊　経済産業省，"安全保障貿易管理"［http://www.meti.go.jp/policy/anpo/index.html］．

の用途以外の流用の事例も多い．こうした不正が発覚すると，研究費の使途に関わらず，責任者（指導教員）には弁償義務が発生し，加算金という名目で罰金が発生する．

章末問題

2・1 あなたは，自分の希望とは異なる研究室に配属されることになった．研究テーマに関心をもつよう努力したが，研究室は実験第一で，あなたにその研究の魅力を語る人が見つからない．どうしたらよいだろうか．

2・2 あなたの指導教員は多忙で，研究報告を聞いて次の実験の内容を指示するとディスカッションをやめてしまう．どうしたらよいだろうか．

2・3 あなたは，研究室で定められたルール（ラボマニュアル）と，国が定めた上位規則に矛盾があることに気づいた．この場合，あなたはどのように行動すればよいだろうか．

2・4 あなたは大学院をもうすぐ修了して，別の研究機関に就職することになった．関連の研究を続けるので，その参考のためにノートを持ち出したい．どうしたらよいだろうか．

2・5 メンデルのエンドウマメの実験は，統計学者であるフィッシャーによって，"理論と合致しすぎている"として改ざんの疑いがもたれたが，後に再現性のある現象であることが確認されている．このエピソードを詳しく調べて，実験科学においてはどういうことに気をつけなければいけないのかを議論せよ．

2・6 山中伸弥博士により開発されたiPS細胞については，書籍やウェブサイトでその原理や可能性について知ることができる．iPS細胞についてまったく情報をもたない友人を想定して，10分程度でこれを簡潔に説明せよ．文字数としては3000〜3500字相当である．

2・7 モンティ・ホール問題の正解について，その根拠を友人に説明せよ．また，この問題が直感と合致しない理由について議論せよ．

2・8 心理学を研究している友人が，"もう少しアンケートを追加したら有意差がとれそうなので，明日から頑張るよ"と話していた．統計学的な手続きとして何が問題なのかをこの友人に説明せよ．

2・9 新たに開発された化合物の作用について，できるだけさまざまな情報が欲しいので，対照群と試験群，それぞれ10匹ずつのマウスを用いて，100種類の検査項目を調査することにした．計画の問題点を指摘せよ．

2・10 自分が関心をもつ研究領域においてウェブサイトで発言している研究者を5名程度選択し，指導者として見た場合，どのような特徴，個性があるかを推測し，比較せよ．

参 考 資 料

1) 岡崎康司，隅藏康一，"理系なら知っておきたいラボノートの書き方（改訂版）"，羊土社，（2012）.

2) 山崎茂明，"科学者の不正行為 —— 捏造・偽造・盗用"，丸善（2002）.

3) 山崎茂明，"科学論文のミスコンダクト"，丸善出版（2015）.

4) Weston, A. "A rulebook for arguments", 4th Ed., Hackett Publishing Company, Inc. (2009).

5) 野矢茂樹，"新版論理トレーニング"，産業図書（2006）.

6) 鈴木宏昭，"教養としての認知科学"，東京大学出版会，（2016）.

7) D. Kahneman 著，村井章子訳，"ファスト＆スロー"，早川書房（2012）.

8) D. Ariely 著，熊谷淳子訳，"予想通りに不合理"，早川書房（2008）.

9) B. Goldacre 著，梶山あゆみ訳，"デタラメ健康科学"，河出書房新社（2011）.

10) 西内啓，"統計学が最強の学問である"，ダイヤモンド社（2013）.

11) 東京大学教養学部統計学教室編，"統計学入門（基礎統計学Ⅰ）"，東京大学出版会（1991）.

12) A. Reinhart 著，西原史暁訳，"ダメな統計学"，勁草書房（2017）.

13) 厚生労働省，"化学物質のリスク評価検討会"〔http://www.mhlw.go.jp/stf/shingi/other-roudou.html?tid=277905〕.

14) 研究機関等における動物実験の実施に関する基本指針（平成18年文部科学省告示第71号）〔http://www.mext.go.jp/b_menu/hakusho/nc/06060904.htm〕.

15) "実験室バイオセーフティ指針（第3版）"（2004年）〔http://www.who.int/csr/resources/publications/biosafety/Biosafety3_j.pdf〕.

16) 遺伝子組換え生物等の使用等の規制による生物多様性の確保に関する法律（平成15年法律第97号）.

17) 文部科学省，ライフサイエンスの広場 "生命倫理・安全に対する取組"（遺伝子組換え実験，カルタヘナ法の解説など）〔http://www.lifescience.mext.go.jp/〕.

18) World Medical Association "ヘルシンキ宣言 —— 人間を対象とする医学研究の倫理的原則"〔http://www.hokuyakudai.ac.jp/rinri/img/helsinki2008j.pdf〕.

19) 厚生労働省，"臨床研究に関する倫理指針"（平成20年厚生労働省告示第415号，平成20年7月31日全部改正）〔http://www.mhlw.go.jp/general/seido/kousei/i-kenkyu/rinsyo/dl/shishin.pdf〕.

3

研究成果の発表

3・1 研究成果を発表する意義

　一般に，研究機関で実施された研究の成果は，学会発表や論文発表といった形式で公表される．研究成果を発表することで，その結果は他の研究者や社会と共有される．情報は共有されて初めて議論の対象となる．公開された情報は，関連の分野の研究者から検討を加えられ，さまざまな方法で検証された後に人類共通の知となる．研究者が巨人の肩に乗る小人に例えられるように，研究とは先人たちの発見や発明の上に乗って，少しでも遠くを見ようとする営みの連続である．研究成果を発表することは，すでにある巨人の肩に，something new を積み上げる行為である．

　科学に携わる者が，広く社会にその研究成果を正しく伝えることによって，一般の科学的な考え方に対する理解，あるいは文化的水準の向上を期待することができる．とくに，子供や若者に新しい科学の発見や発明にロマンを感じてもらえるようにすることは，将来にわたる科学研究の継続性・発展性を確保するうえできわめて重要である．さらに，技術革新につながる発見や発明を発表することで，新たな産業の創出や健康・福祉への貢献といった波及効果を期待することができる．逆に研究成果の発表が，科学的な考え方に対する誤解を招くような，公共に対する科学者の責務を無視したものであった場合，その研究者は倫理的に非難されてしかるべきである．

　研究成果を発表することは，研究者自身の承認欲求の披瀝であってもよい．すぐれた研究成果を発表することによって，研究者としての名声を得ようとすること，あるいは，ノーベル賞候補にノミネートされようとすることは，正当な欲求である．少なくとも現在では，趣味的な知的快楽のみを求めて，一切誰

ともかかわらず，研究の成果も秘密にしておくといった，創作に登場するような変人科学者よりは推奨されるべき態度である．

大学など公益性の高い研究機関で実施された研究については，得られた成果を適切に外部に発表することは研究者の義務である．一方，営利企業における研究の成果については，それを外部に発表することで収益に負の影響が出る場合には秘匿される傾向にある．ここでは，前者を想定して話を進める．研究費が公的資金（すなわち税金）から賄われている場合，その研究により得られた結果を公表することは，スポンサー（納税者）への義務である．助成財団などからの補助金の場合も同様であり，その財団への結果報告義務が課されているケースがほとんどである．

たとえば大学院生が学位を得ようとした場合，研究成果を発表して，研究能力を評価してもらう必要がある．非正規雇用の研究員あるいは教員の任期を延長するために，外部に発表された研究成果を査定されることも近年多くなってきた．"Publish or Perish（論文を発表するか，死ぬか）" が現実のものとなっている．身分が保証されている正規雇用の研究員や教員においても，研究を継続するためには外部競争的資金を獲得し続ける必要性が高まってきている．さらに，大学院生にとっても，日本学生支援機構の "特に優れた業績による返還免除" の制度を活用したい場合，"業績" として研究成果を発表していることは重要である．

3・1・1　研究成果とは

発表すべき研究成果とはそもそもどのようなものであろうか．客観的かつ科学的な方法に則って得られた，something new を含むものはすべて研究成果といってよい．something new に加えて something interesting を含むものは，よりすぐれた成果として高く評価される．逆に，予想通りの好ましい結果が得られなかったもの，すなわちネガティブデータも，その方法が科学的に妥当なものである限りはれっきとした研究成果である．一般に，ネガティブデータは，公表されることなく研究グループ内でノウハウとして蓄積されることがほとんどである．だが，新薬の大規模な治験など，多額の経費がかかり，人間の健康と福祉に直接関係する研究については，ネガティブデータであっても論文として成果を公表することが適切であり，それが推奨されるようになってきた．

3・1・2　研究成果を発表する機会

ダーウィン*やニュートンの時代には，研究の成果としての論文は著書として刊行されることが専らであった．しかし時代は変わり，現在最も一般的なのは，専門誌への論文の投稿と学会における発表である．これらは，科学を専門とする同業者に対する発表であり，どのような雑誌に，何報の論文を発表したかは，"業績"として研究者の能力評価のための指標としてしばしば用いられる．

また，最近では，大学などの組織が"プレスリリース"としてマスコミ向けに研究成果を発表することも多くなっている．これは，報道を通して一般人にも成果を理解してもらい興味をもってもらおうとする，科学コミュニケーションの一環でもあり，また研究機関の宣伝にもつながるものである．

研究者自身が開設しているウェブサイトに研究成果が公開される場合もある．たとえば，ある研究者がコンピュータプログラムを開発し，それを他の研究者に使ってもらいたいような場合には，マニュアルとともにそのプログラムはネット上に公開され共有されることがある．

3・1・3　研究成果を発表する心得

研究の成果を発表する場合には，いかなるメディアを用いるときでも，客観的な事実を，正確に，誠実な態度で伝える努力を払わなければならない．しかし，行ったことと得られた結果を淡々と述べるだけでは不足である．まず，何を目的とした研究なのか，つまり研究のモチベーションとなったものを明確に伝え，また，最後には研究によって得られた結論や将来への展望を述べるべきである．

それに加えて，科学者以外を対象に発表する場合において特に注意すべきことは"どのように伝わるのか"を想像することである．専門誌への投稿論文や学会での発表では，発表者と読者（学会の場合は聴衆）が背景となる知識を共有しているので，伝える情報のトーンやニュアンスに気を使う必要はなく，客観的事実について専門用語を用いて説明すればよい．専門家であれば，この実験結果だけでこういう結論に至るのは不適切ではないかといった，批判的な評価もできるからである．しかし，プレスリリースでは，マスコミによって一般

---

* チャールズ・ダーウィン（Charles R. Darwin, 1809-1882）：地質学者，生物学者．"種の起源"を著し，進化論を提唱した．自然選択説は現代生物学において重要な概念である．

54 　　　　　　　　　　3. 研究成果の発表

の関心を惹くような切り口で報道される可能性を想定して，注意深く説明すべきである．STAP 細胞問題の発端は，マスコミによる過剰な報道にあった（第4章参照）．

　自らが得た知見を魅力的に発表することは重要なことである．しかし，過度の強調による印象づけを企てるべきではない．また，発表では再現性のある結果のみを発表すべきであり，裏づけの弱い予備的データを公表すべきではない．

3・2　学会発表

　学会とは，分野を同じくする研究者によって構成され，運営される団体である．わが国には大小 2000 以上の学会が存在する*．学会の目的は，その学問分野の振興，情報の共有，研究者の交流などである．学会は，通常年に1回程度総会を開き，同時に研究発表会を実施する．この "○○学会大会" では，学会員が研究の成果を発表する．これが**学会発表**である．発表を希望する研究者は，事前に発表申込みを行い，発表要旨を提出する．学会の大会では，参加費を払った参加者にプログラムと各発表の要旨をまとめた要旨集が配布される．

　要旨集を見ると，そのプログラムには，招待講演，シンポジウム，一般口演，ポスター発表といった分類があることがわかる（表3・1）．招待講演とは文字通り高名な研究者による長い講演である．シンポジウムでは，その学問分野におけるホットな領域の研究者を集めて，テーマにそった発表と議論をする．研究者が初めて学会発表をしようとする場合は，一般口演あるいはポスター発表にエントリーすることがほとんどである．

表3・1　学会発表の様式

様　式	説　明
招待/依頼講演	影響力のある研究者による講演
シンポジウム/ワークショップ	設定されたテーマに沿って複数の研究者が講演
一般発表	学会員からの応募による発表
1. 口頭発表	スライドなどを指示しながらの発表．1対多数．1回きりの発表
2. ポスター発表	大部屋に展示したポスターの前で発表．1対数人．複数回の説明も可能

---

*　2018 年2月現在，日本学術会議協力学術研究団体として 2016 の学会が登録されている．

3・2・1 学会発表の形式

学会における研究成果発表の様式としては，**口頭発表**（oral presentation）と**ポスター発表**（poster presentation）の二つがある．前述の"一般口演"は，一般応募から採択された口頭発表という意味である．口頭発表は，スクリーンにスライドを投影し，それをさし示しながら，聴衆に対して説明していく形式である．口頭発表は，1対多のプレゼンテーションなので，インパクトの高い研究成果をストーリー立てて発表したいときに適している．ポスター発表は，模造紙大の紙に研究成果を書いてボードに張り出し，その前で説明するというやり方である．学会大会では通常，大きな部屋で多数のポスター発表が同時に行われる．聴衆は，自分が見たいポスターを探してその前に行き，そこで待っている発表者の説明を聞き，質疑応答を行う．一度に1枚のポスターを見ることができる人数が限られているので，1回の説明当たりの聴衆は，1人から数人程度である．ポスター発表は，データをじっくり見て欲しい内容を発表するときや，データを前にしながら時間を気にせずじっくり議論したい場合に適した発表形式である．

3・2・2 学会発表の準備

さて自身の研究成果を学会で発表したいときにはどのようにすればよいのだろうか．ビギナーは，所属している研究室が毎年参加している学会にエントリーするのが一般的である．新しい分野に研究分野を広げたときなど，周りの人がこれまでに参加したことのない学会にいきなりエントリーするのはなかなか難しいことである．学会のウェブサイトや過去の要旨集などを見て，発表しようとする研究内容が学会の主旨に合致するかどうかを確認しよう．まずは聴衆として参加してみるというのも一つの手である．

学会で発表するうえでは，発表に値する研究成果があることが前提である．まず成果をまとめ，共同研究者と共有し，相談・合意のうえで，発表する学会と発表形式を決定する．通常，学会開催の数カ月前に，発表申込みの締切日が設定されている．申込みの締切までに，十分な研究成果が出なかった場合には，見切り発車で無理に要旨を書くべきではない．演題を登録した後で，予想通りの結果が出なかった場合には，演題を取消さざるをえなくなることもある．学会発表の機会はたくさんある．十分なデータを取得したうえで，余裕をもって学会発表の準備ができるよう心掛けたい．

学会において発表することは，必ずしも一番乗りのクレジットを確保することにはつながらない．学会で発表することによって，聴衆の中にいたライバルが論文投稿を急ぎ，結果として国際的な一番乗りの座を奪われるケースもある．これを防ぐためには，学会発表をする前に原著論文投稿を行っておく，あるいは少なくともいつでも投稿できるように準備をしておくことである．

学会発表申込みに際しては，研究内容に含まれる知的財産（知財）の保護にも配慮する必要がある．学会開催までに特許を出願する予定であったが，それよりも先に学会発表の要旨が公開されてしまったがゆえに，新規性を喪失し，特許化のチャンスを逃すケースがある．また，知財保護のために，スライドにモザイクをかけて化学構造式などを隠したり，質疑応答時にも「特許出願前なのでお話しできません」と回答を拒否したりする発表者をときどき見ることがあるが，情報の制限によって科学的な議論が妨げられるのであれば，そのような発表は行ってはならない．必要な科学的情報を開示，共有したうえで聴衆と議論できないのであれば学会発表にエントリーすべきではない．このような，学会がもつ学術上の目的と知財保護との対立を解消するために，特許法第30条に"発明の新規性喪失の例外規定"が制定されている．特許出願前に学会で発表した場合には，その証明があれば後に学会発表の内容について特許を出願できるという特例制度である（後述）．

3・2・3　発表者の態度

発表はしっかり準備をして自信をもって行おう．7分や10分といった時間制限のある口頭発表では，時間きっかりに終わるのがマナーである．原稿を読むのではなく，顔を上げてスライドを指し示しながら発表する．ポスター発表においても，数分で簡潔に内容を説明できるよう練習しておくべきである．

質疑応答に際しては，科学的に妥当であることを最優先する．一過性のものであると考えて，その場しのぎの不正確な応答をしてはならない．誤った情報を聴衆にインプットすることは，情報を与えないことよりも悪い．もし，発表者自身が答えに窮した場合には，（口頭発表の場合には座長の許可を得て）共同研究者が答えてよい．

3・2・4　参加者（聴衆）のマナー

学会に参加するうえで重要なのは，発表者のプライオリティー（優先権）を

3・3 学 術 論 文

尊重するという態度である．他人の研究をヒントとして自らの研究を膨らませることは，学会の目的に合致しているが，他人のアイデアを盗み取ることを目的として学会に参加するべきではない．また，質問やコメントは，真に学問的な疑問や意見を述べるために行うものであって，意図的に発表者を立往生させることや，揚げ足を取ることを目的として行ってはならない．また，スライドやポスターを無許可で写真撮影したり，発表および質疑応答を無許可で録画・録音したりしてはならない．もし，その必要がある場合には，学会主催者および発表者に事前に許可を得る必要がある．

3・3 学 術 論 文

　研究成果を発表するにあたって最も正式なものとされているのは，文書化された"論文"である．そのなかでも，"専門誌に掲載された査読つき原著論文"を発表することが研究者にとっては重要である．当然これは，研究者の業績リストの中でも最も比重の大きなものとなる（表3・2）．

表 3・2　論 文 の 種 別

種　別	著　者	審　査	説　明
学位論文（修士・博士）（thesis）	単　著	審査員（大学教員）	個人が学位を取得するために執筆される．原著論文がベースとなることが多い
原著論文（original article）	単・共著	ピアレビュー	科学的な新知見を記述した論文
総説（review）	単・共著	ピアレビュー	あるトピックのもと，複数の原著論文の内容をまとめて解説した論文
学会紀要（proceeding）	単・共著	ピアレビュー（ない場合も）	学会発表の記録として執筆される比較的短い論文

　さて，"専門誌に掲載された査読つき原著論文"とは何か．これは科学に携わる人以外は，おそらく目にしないないものであろう．まず，"専門誌"は，科学者が読む雑誌のことである．出版社が営利のために出版しているものから，学協会が出版母体となっているものまで，自然科学分野では1万タイトル以上の雑誌が発行されている．カバーする分野も，自然科学全般から，生化学の中でもたとえばビタミン関連分野のみに特化したものまでさまざまである．
　"査読付き"とは，掲載前に同業者による審査（＝**査読**），すなわち**ピアレ**

ビュー（peer review：後述）を受けて，掲載を許可された論文であるということである．つまり，査読つき論文は，同業者によるお墨つきを得た論文であると認識される．

"原著論文"は，オリジナルな研究によって新たに発見あるいは発明された事項について記載された論文である．すなわち，学術上の something new を初めて文書として世界に知らしめることを意図したものである．同様の学術雑誌に掲載された論文でも，"総説（review）"は，注目される分野の研究をまとめて整理することを目的として，複数の原著論文をあるテーマに沿ってまとめた論文である．

そのほかにも，博士論文のように学位審査をうけるために書かれる論文もある．製本された博士論文は，国会図書館にも保管される．また，2016 年度より学位規則が改定され，博士の学位論文のネットでの公開が義務づけられた．著書（単行本）も，学術論文発表の一つの形態である．研究成果発表の場としての専門誌が充実している今日では，オリジナルな成果発表のために著書を刊行することは，こと自然科学の分野においてはまれである．

3・3・1 論文を書くということ

実験科学においては，研究時間の多くを実験という作業に費やすため，実験を実施して結果を得れば研究を成し遂げたような感覚をもってしまいがちである．しかし，査読つき原著論文として研究成果を公表して初めて科学に貢献したことになることを忘れてはならない．日本語で書くか外国語（ほとんどは英語である）で書くかにかかわらず，研究成果をまとめて論文にすることにもトレーニングが必要である．メンターの指導を受けながら，自ら論文を書くことによって，論文を書くための正しい作法が伝承され，論文執筆における無知やスキルの不足に起因する不正を防止することができるのである．研究室において，実験者と論文執筆者を完全に分離することは好ましいことではない．大学において教員は，論文を書くというプロセスを含めた研究活動のやり方を学生に教えるべきであり，学生は論文執筆にかかわるチャンスを得ることに積極的になるべきである．

今日，実験科学の原著論文の多くは，複数の著者を連ねた共著論文である．共著論文は，研究グループによる共同研究の成果を発表するものである．したがって，著者になるための必要条件の第一は，共同研究に貢献していることで

3・3 学 術 論 文　　　　59

ある*. 論文の成果が高い価値をもつと認められたとき, その賞賛に浴することができるのは著者である. しかしその一方で, 疑義が呈されたとき, 著者にはそれに真摯に対応する義務が生じ, また不正が認められた場合には責任を問われることも理解しておく必要がある. 共著の論文には, 通常1名の**責任著者**（corresponding author）が置かれ, 投稿, 査読, 出版その他すべてのプロセスにおける代表者としての役割をもつ. また, 最も貢献度の高い実務者が**筆頭著者**（first author）となるケースが多い. 実質的に研究を行っていない著名人を著者に加えたり〔**ギフトオーサーシップ**（gift authorship）〕, 逆に利益相反の開示を恐れて著者となるべき者を除いたり〔**ゴーストオーサーシップ**（ghost authorship）〕してはならない. たとえ, 実験に貢献をしていても, それが単に労務や技術の提供であった場合には, 著者に加えるべきではなく, 謝辞として感謝の意を述べるにとどめるべきである.

　原著論文は, "something new を含む, ひとまとまりの研究の成果" を記述したものである. したがって, 同じ something new を複数の論文に記述して投稿してはならない. なぜなら, そのうちの一方はもはや something new ではないからである. これは**多重投稿**とよばれる研究不正である. 多重投稿に似て非なるものとして**サラミ出版**がある. サラミ出版では, ほとんど同じ内容・主旨であるが, 少しだけ実験条件を変えたり, 化合物の種類を少しだけ変えたりしたものを, 異なる複数の論文として発表することである. サラミ出版も業績リストに載せるための論文数を稼ぐために, "ひとまとまりの研究の成果" を, わざわざ分割して発表する非倫理的な行為である.

3・3・2　原著論文の執筆から公開まで

　実験が（ほぼ）終了し, 結果をまとめる段になったら, 論文執筆前に, 必ず実験結果を共同研究者の間で共有し, どのような内容の論文を, 誰を著者とし（誰を筆頭著者とし, だれを責任著者とするのかについても）, どの雑誌に投稿するのかについて合意を得る. また, 誰が主筆となるのか, あるいは分担して書くのであればその分担の部分についても決める.

＊　ロシアのギフトオーサー王ユーリ・ストルチコフは生涯で 2000 報, 10 年間で 948 報という記録をもってイグ・ノーベル文学賞に輝いた. 研究所の機器を利用した共同研究すべてに共著者として加わっていた〔https://www.theguardian.com/education/2008/mar/11/highereducation.research〕.

論文の執筆に際しては，事実に基づき，科学者として誠実な態度で臨むことはもとより，必ず投稿先の**執筆要領**（guide to authors あるいは author guideline）を読み，それに従う．雑誌によっては原稿のテンプレートの使用を義務づけているものもある．

a. 序　論（introduction）　　序論（序章）では，研究背景となる情報とそれに立脚した研究の動機について述べる．たとえば，① 今この研究分野はこのような状況で，② 解決すべき問題はこれであり，③ 今回著者らは○○のアプローチによりこれを解決しようとした，といった内容を書く．この部分では，必然的に過去の論文からの参照情報が多くなる．また，類似の研究が存在する場合には，書くことが似たり寄ったりになってしまう場合もある．したがって，序論における不正では，他の論文からの盗用（コピーアンドペーストによるもの）が多い．序論における盗用については，実際に行った研究の内容に直接関係がないので，ある程度寛容に対応すべきであるといった考えもあったが，それは誤りである．盗用は著作権の侵害という犯罪行為である以前に，オリジナルな序論を自ら書けないということは，自身が研究をやった価値・意義を自らの言葉で記述できない，あるいは自身の研究にはまったく独自性がない，ということを告白していることに等しい．

b. 実験の部（experimental section / materials and methods）　　他の論文と類似しがちで盗用の疑義がかけられやすい部分としては，実験の部がある．この項は，同業者との情報の共有を目的として，使用した薬品の種類や機器の仕様，実験操作の詳細を記載したものである．たとえば，"○○細胞は，5 % CO_2 雰囲気下 37℃ で培養した"とか，"試薬 A ○ g をエタノール ○ mL に溶解し，○％の B の水溶液に加えた"といった文が続く．このため，文型のバリエーションが少なく，決まりきったことを決まりきった文型で書くことが常である．もちろん参照文献のない盗用は不可であるが，それを恐れるあまり無理な文型を創出しようとすることは，読解の妨げとなる．実験の部の記述に関しては，この問題を気にしなくても済むような，出版社側の配慮を含めたあるべき対応について今後整備していく必要があるものと考えられる．

c. 結　果（results）　　結果の項では，実験結果を示す図表を中心として，個々に説明していく．実験事実は，① 読者に理解されやすい形式で，② 誇張なく，③ 公正に提示されなければならない．

① 理解されやすい形式: たとえば，ある実験結果を提示するのに，文の中で

数字を羅列するのがよいのか，表にするのがよいのか，グラフ化するのがよいのかといったことである．

② 誇張のない提示：たとえば，画像のコントラストを変更して見やすくするといった行為は，誇張ともとられる．しかし，このような行為がただちに不適切かというとそうではない．重要なことは，必要以上に誇張すべきではない（伝えるべき情報がわかればよい）ということと，変更前の元情報を保存し，いつでも提出できるようにしておくということである．

③ 公正な提示：上記①②以外に不適切ととられる表現として，たとえば画像データのトリミングがある．画像情報を提示するうえで，結果の解釈に不要な部分を切り取り，情報を含む部分だけを見せるという行為自体は正当である．しかし，見せることにより結果の解釈に影響する情報を含む部分を切り取って見せないことは不正である．近年，ライフサイエンス分野での電気泳動結果を示す画像に不正なトリミングが多発したことから，切り貼りをした部分にはそれとわかるように線を描くこと，トリミング前の生データも補助的情報として開示することを要求されるようになったので注意が必要である．

d. 考　察（discussion）　　考察の部分では，結果の解釈，それに基づいた仮説の提案，将来への展望などについて，文献情報を交えて，著者の意見，考えを自由に述べてよい．あまりに遠い夢物語的なストーリーを展開すべきではないが，科学者としての洞察力，想像力，論理展開力を問われる部分であることを認識し，主張すべきことを過不足なく主張する．当然ながら共著論文の場合は，著者間で合意を得た意見のみを記述するべきである．

e. 参照文献（references）　　自然科学分野における原著論文においては，他の論文にある文章をそのまま書き写す"引用"をすることはまれである．ほとんどの場合，他の論文に存在する情報を，別の言葉で書く"参照"である．他の論文を参照するときは，できるだけオリジナルな文献を読み込んだうえで参照すべきである．つまり，二次情報である総説や解説ばかりを参照すべきではない．この作法は，最初の貢献者に敬意を示すことにもつながる．参照文献の選定にあたっては，公平性も求められる．論文末尾の参照文献一覧に，他の研究グループの業績を意図的に無視し，自らの研究グループの論文ばかりを選んで記載することは，不公平な我田引水的態度ととられる可能性があるので慎むべきである．また，随時更新されたり閉鎖されたりする可能性のある URL は参

照文献として適切ではないので，やむを得ない場合にのみ使用する．URL の場合，更新される可能性を考慮して著者が実際に最後に閲覧した日時を記載することもある．

f. 執筆時に気をつけること　　論文発表において自ら意図して，捏造，改ざん，盗用といった不正行為（第 4 章参照）をしてはならないのは当然であるが，過失によってそれと疑われるケースも多い．過失によって不適切な論文を作成してしまうことを防ぐためにはどうしたらよいだろうか．以下のような執筆の作法を身に着けることによって，それはかなり防ぐことができる．

① 文章のコピーアンドペースト（コピペ）を行わない：すでに発表された類似の論文を参考にして論文を執筆することは正当である．むしろ，書く能力の獲得のためには，すぐれた論文を真似ることが最善の方法であるといってよい．しかし，既報論文の文章をそのままコンピューター上でコピーして自らの原稿にペーストし，それを改変していくという "作業" を行ってはならない．先人の文章を真似る場合においても，すべての文章はいったん自分の頭に入れたうえで自らがキーボードで打込んで書くという作法を身につけるべきである．

② それらしい図の仮置きをしない：論文の構成がほぼ決まったら，図版のいくつかを作成しつつ，同時に原稿を執筆することも多い．このとき，全体のイメージをつかみやすくするために，仮の図版を作成することがある．これは最終的には，正しい図版に差替えられるはずのものである．しかし，それを忘れてしまうと，別の論文にある同様の図版を流用した "盗用" あるいは，データ "捏造" となる危険性がある．これを防ぐためには，"真実と見まがうような図版の仮置きはしない" ことである．仮置きする図は，いわゆる "絵コンテ" のような，手書きレベルのもので十分である．

③ 版の管理をきちんとすること：論文を書いていると，どれが最新の版かわからなくなって混乱してしまうことがある．混乱は過失の元凶である．執筆の過程と履歴を順に追っていけるように，執筆日ごとに別ファイルを作成することを習慣づける．日々既存のファイルの上書きを続けるべきではない．パソコン上では常に最新版がどれであるかわかるようにしておく．ファイルネームに "最新版" といった名前をつけるべきではない（それはすぐに最新版ではなくなる）．また，過去の原稿ファイルも残しておくことで，論文執筆のプロセスでの疑義を呈された場合にも適切に対応すること

ができる．また，それらのファイルのバックアップをとることを習慣づける．

④ 投稿前の入念なチェック：投稿前には，必ず全員が最終版をチェックし，その内容に同意し，著者となることを承諾する必要がある．したがって，たとえば過去には共同研究メンバーであったが，今は連絡が取れない者を著者として加えることは適切ではない．

g. 投稿から審査，採択まで　　投稿作業は，責任著者が行う．現在ではほとんどすべての作業は投稿先雑誌のウェブサイトからオンラインで行う．投稿された論文原稿は，まず**エディター**（editor，**編集者**）に送られる．エディターは，その研究分野に精通した科学者が務めることが多い．投稿された論文の採択・不採択はエディターの責任において決定される．ここで，エディターがそれを判断するための根拠資料を作成するのが，**査読者**（reviewer あるいは referee）である．エディターは，投稿された論文の内容に近い分野の科学者数名を査読者として指名する．論文の実質的なチェックは査読者が行う．査読者は，雑誌によって決められたポイント（十分な科学的内容を含んでいるか，方法は適切か，長すぎないかあるいは短すぎないか，文章はわかりやすく書かれているか，参照文献は適切にあげられているかなど）について吟味し，査読コメントを作成する．複数の査読者のコメントを基にエディターは，**採択**（accept），**軽微な修正ののち採択**（minor revision），**大幅な修正ののち再審査**（major revision），**却下**（reject）の判断を下し，査読者によるコメントとともに著者に伝える．このような原稿審査のシステムを**ピアレビューシステム**という．このように，科学論文はピアレビューを経ることによって同業者からのいわば"お墨つき"をもらってはじめて，雑誌に掲載されるのである．

3・3・3　ピアレビューシステムの抱える問題

　自然科学において学術論文の質を維持するのに役立ってきたピアレビューシステムであるが，このシステムも万能ではない．さらにIT技術・ネットの発達によっても，ピアレビューシステムに新たな問題が生じてきた．

　a. 雑誌，論文の増加，査読者の不足　　冊子体をもたないオンラインジャーナルの出現は，雑誌出版のハードルを低くし，ページ数の制限も実質上なくなった．また雑誌数も多くなり，投稿される論文数も世界的に増加している．通常，一つの投稿論文に対して複数の査読者がつくため，投稿される論文が多くなる

ことによって，査読者が不足するという事態を招いている．査読者の不足は，査読レベルの低下をまねき，その結果雑誌の学術レベルを下げることにつながる．

b. ピアレビューシステムにおける不正　投稿された論文に対して適切な査読者を選定し査読を依頼することは，エディターが責任をもつべき仕事である．しかし，エディターは現役科学者による兼業が多く，この仕事を理想的な形で実行することは現実的には困難である．これを緩和するために，投稿論文の著者が，希望する査読者と除外したい査読者をリストアップし，それを参考にしてエディターが査読者を選ぶシステムを採用している雑誌が多い．これによって，ライバル研究者が査読者になり，故意に査読が引き延ばされる．あるいは投稿した論文の内容が査読者によって盗まれるといった問題を回避できる．その一方で，著者が希望する査読者は，著者と親密な関係にある研究者のはずなので，客観的かつ厳格な査読の実現が困難となる．さらに，この査読者リストのシステムを悪用して，変名を使って自らを査読者候補としてリストアップし，著者が自分の論文を査読するといった不正が大規模に行われていたことも発覚している．このように，従来の性善説に基づいたピアレビューシステムがもつ問題点が露わになってきた．より客観的に，より厳格にピアレビューを行うために，投稿論文の著者を明らかにしないままで査読を行う**二重盲査読**（double-blinded review）や，査読者も顕名で査読を行う**オープンレビュー**（open review）を採用する雑誌が近年増加している．

c. リバイスにおける不正　投稿した論文がそのまま採択されることは少なく，エディターから**リバイス**（revise，**修正**）の指示がくることが多い．また，査読者からのコメント中で，著者の仮説を補強するための追加実験の実施を要求されることもしばしばある．雑誌編集部がリバイス原稿を受けつける期間は，おおよそ数カ月と定められているので，追加実験を実施する研究者は，"その期限内にその実験を実施し，予想されるような結果を出さないといけない"という大きなプレッシャーにさらされることになる．データの捏造や改ざんといった不正行為が頻繁に起こるのはリバイスの過程であるのも当然である．査読者は論文の完璧を求めるあまり過剰な追加実験の要求を出すべきではない．また，著者はエディターや査読者の指示を100%受入れなくともよく，反論すべきところは反論すべきである．追加実験を実施するにあたって，リバイスの期間が短すぎるようであれば，エディターと相談して延長してもらうこ

                    3・3 学 術 論 文   65

とも多くの場合可能である.

3・3・4　研究成果をどのように評価するのか？

　前述のように，研究者の研究能力は，論文によって評価されることがほとん
どである．これは小説家が小説により，作曲家が作った楽曲によって評価され
るのと同じであるので，プロフェッショナルとしては，ごく自然なことである.
では，論文の何をどのように評価すればよいのであろうか．これにはさまざま
な指標がある.

　a. 論文の数　　たくさん論文を書いた研究者は優秀であるという考え方
である．しかし，2ページの短報も，20ページを超える大作も同じようにカウ
ントされ，また，研究分野により平均的な論文の数に大きな差がある．また,
多作の研究者が寡作の研究者より優れているかというと一概にそうとは言えな
い.

　b. 一流雑誌に掲載された論文数　　自然科学であれば *Nature* や *Science*, 細
胞生物学関連ではそれらに加えて *Cell*, 医学系では *Lancet* や *New England
Journal of Medicine* など，研究者が憧れる超一流雑誌が存在する．しかし，多く
の研究者はこれら超一流誌に掲載されたことがなく，また，たった一報の超一
流誌論文によって研究者の能力を評価できるはずがないといった批判がある.

　c. インパクトファクター（IF）　　平均被引用回数に基づいた学術雑誌の影
響力の指標である*．これは，雑誌に対する指標であり，個別の論文に対する
評価ではない．IF は論文の数と掲載された雑誌のインパクトを数値化すること
で，研究成果を定量できる優れた評価基準としてもてはやされた．しかし，IF
偏重による弊害が多くなり，2012年の米国細胞生物学会（ASCB）大会におい
ては，"研究評価に関するサンフランシスコ宣言"(The San Francisco Declaration
on Research Assessment, DORA) が採択された．DORA は，"研究者の評価に
IF を利用することをやめよう" という宣言であり，それに署名する学協会や雑
誌が増加している.

　e. H−指数（H−index）　　研究者が公表した論文を基にその研究者の影響
力を測る数値であり，"その研究者が著した論文のうち，被引用数が *h* 以上であ

---

　*　インパクトファクター（IF）は，学術誌を対象に年ごとに計算される．$A = 2$年前，前年に当該
　　学術誌に掲載された論文がその年に引用された総数，$B = 2$年前，前年に当該学術誌に掲載された
　　論文数，とした場合，$IF = A/B$ として計算される.

るものが h 以上あることを満たすような最大の数値"として定義される．たとえば H-指数が 10 である研究者は，10 回以上引用された論文を 10 報公表していることを意味する．

このように，論文を評価することによる研究者の能力の査定方法については，さまざまなものが提案され採用されているが，いずれも機械的，統計的な一つの尺度に過ぎず，それらのみによって研究者の評価を確定すべきではない．

3・3・5 出版後査読の取組み

科学的な発見あるいは発明の価値は，後に検証されることによって決まっていくものであり，論文が公表されたタイミングでその価値が確定するわけではない．たとえば，超一流誌に掲載され，大発見ともてはやされた論文に瑕疵があり，それゆえ誰も追試ができず忘れ去られたり，論文が撤回されたりするものがある．逆に，はじめは小さな発見に過ぎないと思われていた研究成果が，後に大きく花開き，ノーベル賞の受賞につながったケースもある．

近年，ネット上の**出版後査読**（post-publication peer review）によって，このような"後の検証"を可視化し，共有しようとする動きが活発になってきている（第 4 章を参照）．また，このような活動により，出版された論文における不正が暴かれるケースも多くなってきた．出版後査読を実施しているサイトとしては，PubPeer，PLOS 社のオープンアクセス誌などがあり，誰でも閲覧し，コメントすることができる．また，購読料をとらず全文を公開しているオープンアクセス雑誌では，それぞれの論文ごとにコメント欄が設けられており，その論文に対する評価を書き込むことができる．現在のところ，特に誤りや研究不正を含む論文への疑義を呈する場として，この出版後査読は一定の役割を果たしている．

3・4 知的財産

大学における研究活動のそもそもの目的は，真理を追究することにある．一方，産業界での研究は，新しいモノや方法を発明し，それを社会に役立てることにより，その対価としての金銭的利益を得ることを目的としたものである．昭和の高度成長期以降，大学は高度な知識と技術をもつ人材を育成し，企業に供給してきた．企業は，それら人材を活用して独自の新製品を開発してきた．しかし今日，大学での研究と企業の研究の距離はどんどん近づいてきている．

3・4 知 的 財 産

科学技術の高度化によって，企業単体では革新的な新規発明を行うことが困難になったことから，企業が研究の基礎段階から大学と共同して実施する"オープンイノベーション"が活発化してきた．また，大学側も公的な運営資金の調達が困難となってきたことから，大学で生み出された研究成果を知的財産化し，それを企業に譲渡あるいは実施許諾することで，その対価として資金を得ようとする仕組みが構築されるようになった．

このように，目的を異にする大学と企業とが共同して研究を行う場面が多くなってきたことから，両者の研究に対する価値観の相違による衝突を解消し，トラブルを防止するための行動規範を定め，研究者がそれを理解し，遵守する必要が出てきた．

3・4・1　知的財産とは

知的財産とは，人間の創造的な営みにより生み出された成果全般をさすものであり，それらを創作した人の権利として，高度な発明に対しては**特許権**，特許ほど高度でない考案に対しては**実用新案権**，物のデザインに対しては**意匠権**，著作物に対しては**著作権**が発生する．これらは，権利者のみがそれを商業的に利用することができる排他的権利である．これら知的財産は無形のものであるが，法的に定められた，売買可能な財産である．大学における自然科学系の研究成果によって発生する知的財産のほとんどは，**特許**である．特許とは，発明すなわち自然法則を利用した技術思想の創作のうち高度のものを保護するものと定められている（特許法第2条）．

3・4・2　特 許 の 取 得

今日，大学の研究によって発明が行われた場合，積極的に特許を取得することが推奨されている．大学には**技術移転機関**（technology licensing organization, TLO）が置かれ，発明の特許化，企業への実施権許諾（ライセンシング）などを担当している．大学の研究者が新たな発明を行った場合，大学は，その権利を承継するかどうか（すなわち大学が権利化することで利益が上がるかどうか）を判断する．承継する場合には職務発明として取扱われ，大学が特許権をもつ出願人として特許出願の準備が始まる．この発明が特許化され，技術移転により大学が利益を得た場合には，規定に従い発明者にもその一部が還元される．

大学の研究者が自らの成果を特許化するうえで特に注意を払わなければいけ

ないのは，情報の管理（秘密の保持と記録の保存）である．特許化できる発明
は，公知になっていないものに限られているので，先に論文として公表したり，
学会で発表したりしてしまうと新規性が喪失し，特許として認められなくなる．
したがって，特許を出願するまでは発明内容は非公表とし，発明がなされたら
速やかに特許を出願すべきである．また，学生や大学院生を含む共同研究者の
間で秘密保持契約を文書で交わしておくことによって，発明に関する情報の流
出や，共同研究者による不用意な外部発表によって権利を喪失してしまうこと
を防ぐことができる．実験ノートへの情報の記載と保存も，知的財産の保護に
は重要である．発明に多大な貢献をしたにもかかわらず，出願された特許に発
明者として自分の名前が入っていなかった場合，実験ノートは発明者の権利を
主張するための根拠資料となるからである．

　なお，成果をいち早くそして広く公表することを是とする大学研究者と，発
明内容を秘匿することで経済的価値を大きくすることをよしとする企業との利
害の衝突を緩和するために，2011 年に改正された特許法第 30 条では，"発明の
新規性喪失の例外規定"が拡張され，学会などで発表することで内容が公知と
なった後も特許権を得られるための救済策が施されている．

3・4・3　利益相反への配慮

　産学連携の推進によって，企業との共同研究が増加している．また，大学が
特許化した発明を生かすため，研究者が起業にかかわる大学発ベンチャー企業
の設立も推進されている．昨今では，大学における研究活動と企業における経
済活動に明確な線引きをすることが困難になってきており，それらはまた研究
者個人の金銭的利益とも関係するようになってきた．ここで注意すべき問題は，
利益相反（conflict of interest, COI）である．すなわち，科学研究の客観性・中
立性をどのように担保するか，ということである．

　たとえば，公的資金の援助により大学で行われた研究の成果を一流の専門誌
に発表したとする．それに先立ち同じ研究者が，それに関連する発明を特許化
して，ベンチャー企業を興していたとする．この場合，公的資金が意図的に私
企業の宣伝に使われたと解釈することが可能であり，COI が疑われる．このよ
うなときには，たとえ論文の記述に不正なバイアスがかかっていなかったとし
ても，研究者は COI の状態にあることを隠してはならない．

　では，COI はどのように取扱うべきなのであろうか 一つは，"瓜田に履を納

3・4 知 的 財 産 69

れず" すなわち企業との関係を断って COI の状態を解消することである. もう
一つは, COI の状況をすべて明示し可視化したうえで, 適切に取扱うことであ
る. すなわち, 李下に冠を正してもよいが, 冠の中をすべて見せるという対応
である. 現在, 学術雑誌の多くに, COI の状況を開示する欄が設けられている.
大学での研究活動が経済活動と密接にからみあった現在, COI の状況をすべて
解消しようとすることは現実的ではない. COI を疑われることを恐れて, 企業
との共同研究を排除することは, 研究資金獲得の機会を逃すとともに, 研究そ
のものの萎縮にもつながる. むしろ, すべてを開示したうえで, 疑義を生じさ
せないように適切な COI の管理を行うべきである.

章末問題

3・1 ある教授は, 頻繁に論文を書くことは一種のサラミ出版だとして, 大型論文
を構想して5年間論文を発表していない. 研究室の大学院生は学位をとるために論
文を書こうとするが, 投稿させてもらえない. これは研究者の姿勢として適切なも
のといえるだろうか.

3・2 ポスター発表の場で発表者から教えてもらった情報はとても有用で, 自分の
研究の進捗に役立った. ところが, 発表者からその情報は本来漏らしてはいけない
もので, 上司からその旨を伝えるよう連絡があった. しかし, 自分の研究は論文と
して発表間近である. どうすればよいか.

3・3 教授, 准教授, 助教がいるある研究室では, すべての原著論文には自動的に
全教員が著者として入ることになっている. 一応, 研究進捗報告会では全教員が集
まるので, 全教員は論文の内容をまったく知らないわけではないのだが, このシス
テムには問題がないのであろうか. もし問題があればどう対処すればよいのだろう
か.

3・4 著者に物故者が含まれる論文を時折見かけるが, これは正当なのだろうか.

3・5 大学教授のなかには, "私は研究で私欲を満たすことはしません. したがっ
て, 特許は取得せず, すべてオープンにして誰でも使えるようにします" と言う人
がいる. この考えは正しいだろうか. それは発明の内容にも依存するのだろうか.
次の二つの例で考えよ.
  ① 新薬候補になりうる化合物の発明
  ② 既存の薬をより効率よくつくるための反応試薬の発明

参 考 資 料

1) 村上陽一郎, "科学者とは何か (新潮選書)", 新潮社 (1994).

2) 佐藤秀一, 松本邦夫, "特許の基礎知識", 改訂5版, オーム社 (2001).

3) 井野邊陽, "理系のための法律入門 (ブルーバックス)", 講談社 (2009).

4) 出版規範委員会 (Committee on Publication Ethics, COPE) [https://publicationethics. org/].

5) San Francisco Declaration on Research Assessment (DORA) [http://www.ascb.org/ dora/].

4

研究不正(ミスコンダクト)の実際とその背景

4・1 研究不正 (ミスコンダクト) の類型

本章では**研究不正**の実際とその背景について述べる.研究不正という表現は,不正という語句から受ける印象が強すぎることから,英語の表現である**ミスコンダクト**(scientific misconduct)という用語がそのまま使われることも多い.以下に解説するように,研究不正のなかには,故意かどうかとは無関係に不適切とされる行為も含まれている.そのため,ミスコンダクトという用語の方がより実態を表す正確な表現である.

米国の連邦法では,ミスコンダクトとして次の三つの行為〔捏造(fabrication),改ざん(改竄,falsification),盗用(plagiarism)〕が定義されており,国際的にもこの3項目(頭文字をとって FFP と略称される)は必ず指定されている.わが国においても,文部科学省によって FFP は特定不正行為として指定されており,その他の疑わしい行為については,現状では不正として取扱うことはない.米国では,"研究の申請,実行,審査,あるいは研究結果の報告などの諸側面"における行為を対象として FFP を規定しているが,わが国では研究結果の報告,特に学術誌に掲載された研究論文をおもな対象としており,不正行為を認定する範囲が異なる.本書の執筆時点(2017 年)では,研究機関は 2014 年の文部科学省の"研究活動における不正行為への対応等に関するガイドライン"に従ってミスコンダクトを取扱うことになっている.医療機関をはじめとする医学研究については厚生労働省が同様のガイドラインを定めているが,文部科学省のガイドラインと比較して大きな相違はない.

4・1・1 捏 造

捏造(fabrication)とは,実在しない実験結果をつくり出し,これを発表す

ることをいう．ベル研究所のシェーン[*1]は，有機エレクトロニクスの先駆けと目される画期的な研究成果を有名な学術誌に相次いで発表するスター研究者であったが，論文のグラフに使い回しがあることが指摘されたことがきっかけとなって，研究成果の多くが他の実験結果の流用，あるいは架空のデータに基づいたものであることが明らかとなった．作製された試料は調査の時点では破棄されており，架空の研究であったことが推察されている．

大阪大学医学部では，遺伝子組換えにより肥満しないマウスを作製したことを論文として報告したが，そのようなマウスは実際には存在せず，データも架空のものであった[*2]．実験科学の分野ではないが，研究員が発掘予定の場所にあらかじめ石器を埋めていたことがスクープされた旧石器捏造事件は，日本史の教科書の記述の修正が余儀なくされるなど，社会的にも大きな影響をもたらした．東北大学歯学部の事件では，ミスコンダクトを認定された助教は対照実験を毎回実施する必要性を理解しておらず，いつも同じ結果が得られるからという理由で実験結果を使い回していた[*3]．実際には実験していないにも関わらず，他のデータを代わりに使うこともまた捏造である．

4・1・2 改 ざ ん

改ざん（falsification）とは，実験材料や，実験機器，実験操作，あるいはデータに手を加えることで研究成果を不正確なものにすることをいう．実験結果を改変，あるいは部分的に削除することも含まれる．ライフサイエンスにおけるミスコンダクトの疑義の多くは画像の改ざんに関するものである．グラフで表

[*1] ヘンドリック・シェーン（J. Hendrik Schön, 1970-）：米国ベル研究所の研究員として有機エレクトロニクスの分野で相次いで革新的な報告を行い，超伝導の分野でも最もノーベル賞に近いと評価された．グラフの酷似がきっかけとなって，発表論文が精査され，大規模なミスコンダクト事件として調査委員会が設置された．作製したとされる試料は存在せず，グラフは実験データを組合わせた創作や再利用であった．報告書を受けたベル研究所はシェーンを解雇した．博士学位論文には問題が指摘されていなかったが，コンスタンツ大学はシェーンの博士号を剝奪した．

[*2] 2004年に *Nature Medicine* 誌に発表された大阪大学医学部の論文が，2005年に結果が再現できないことを理由に撤回された．全体として架空の研究であったことが明らかになり，筆頭著者の学部生の不正行為がクローズアップされた．責任著者の教授は14日間の停職処分を受けた．この研究室から報告された2005年の *Science* 誌の論文も再現性がないことを理由に撤回されている．

[*3] 東北大学大学院歯学研究科に所属していた助教による2001～2007年の11編の論文について，図の流用などのミスコンダクトが2009年の調査報告により認定された．助教は懲戒解雇，指導に当たった2名の教授もそれぞれ停職の懲戒処分を受けた．助教はその後処分を不当として東北大学を提訴した．ミスコンダクトの認定により助教の学位論文の主要な部分に問題があるという判断が下され，2018年に学位授与が取消された．

4・1 研究不正（ミスコンダクト）の類型　　　73

されるような数値データの場合，内部告発がない限り改ざんが明るみに出ることはまれであるが，画像データの操作はその証拠が掲載論文の図として公開の場に残ることになる．こうした事例では，第三者でも改ざんや重複の疑義を指摘することができる．

具体例をいくつか紹介する．図4・1はイムノブロットとよばれる実験の結果を示している．この実験では特定のタンパク質に高い親和性で結合する抗体とよばれるタンパク質を用いて，試料に含まれる特定のタンパク質の分子量やその量を測定することができる．原図と比較して，改ざんAでは左から2列目のバンドの一部が消されている．一方，改ざんBでは右から2列目で新たなバンドが加えられている．

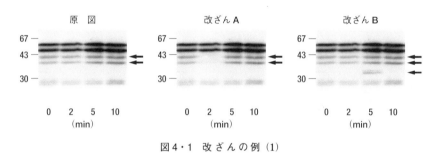

図4・1　改ざんの例（1）

図4・2も同様の実験であるが，改ざん例では薬物Bにはこのバンドで示されるタンパク質の量を減らすという結果を画像操作によりつくり出している．改ざんの例では左から4列目までを切り取り，180°回転させて貼り付けること

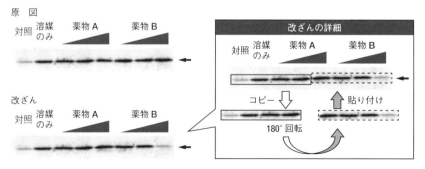

図4・2　改ざんの例（2）

で，意図する結果を人工的に作成している．

　図4・3は蛍光色素を結合させた抗体を用いて，細胞内に存在するタンパク質を可視化する実験である．原図に比べて，改ざんAでは右上に細胞が増えており，改ざんBでは右側に色調の異なる細胞が増えている．この種の実験結果は背景が黒いため，論文の図を見て操作に気づくことは難しい．下側の列は，図のコントラストを変えて，切り貼りの痕跡を示したものである．現在，ほとんどの学術誌は電子投稿であり，図表は専用のソフトウェア上で作成されることがほとんどである．特に画像ソフトの機能向上は著しく，切り貼りした画像に残る不自然さを小さくすることができる．

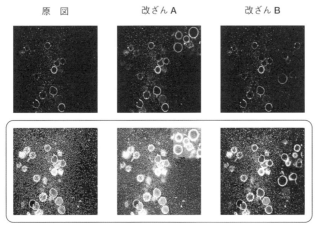

図4・3　改ざんの例 (3)

コントラストを強くした場合

　機器や操作を通じた改ざんは捏造に近いものが多い．同じ感度で測定して比較するべきところを，大きな値が望ましい方の試料だけ，感度を上げて測定することや，写真の現像の際に一方だけ露光時間を短くするといった行為は，もととなる測定対象は存在するものの，捏造とよんで差し支えがないだろう．

　特別な理由がないにも関わらず，測定したデータを破棄することも改ざんである．実験科学の初心者では，予想していた（あるいは指導者が期待している）ものと異なる結果を得た場合，自らの手技などの未熟さを理由として破棄することがあるが，これは改ざんに当たる．予想しない結果こそが実際の自然現象

であることはしばしばあり,またそれは新たな発見かもしれない.実験結果はありのままのものがすべてという原則を忘れてはいけない.

4・1・3 盗　用

適切な言及をせずに,他人の得た結果,あるいは文章を自分のものとして発表することを**盗用**(plagiarism)という.**剽窃**(ひょうせつ)という用語が用いられることもあ

【英語論文の例】

【日本語のレポートの例】

図4・4　ソフトウェアによる盗用チェック　Turnitin 社の日本代理店である iJapan 株式会社の協力を得て作成.

る．投稿された論文の査読者が査読結果の報告を遅らせて論文の評価を先延ばしにして，その時間を利用して投稿者のアイデアを別の論文として先に発表してしまうというピアレビューシステムを利用した悪質な事例もある．米国の規則ではこうした場合も十分な証拠があれば盗用と認定される．研究論文では，自らの研究の必要性を議論する際に，これまでの研究の流れを概説するが，ここでは適切に過去の論文を参照しなければいけない．研究者間での信頼を維持するためには，自分の研究の発想の基となった研究を実施した先人への敬意を示すことが大切である．

　論文や報告書の文章のコピーアンドペーストによる盗用は，ネットの発達，論文の電子化と並行して増加している．研究論文における実験の部のように，誰が書いてもそれほど大きな違いは生じないという箇所の場合，ある程度の表現の重複は許容されるべきであるが，その他の箇所での類似性の高さは程度によっては盗用と判断されることがある．非英語圏からの投稿では，研究者の英語による表現力の低さを理由として，序論における表現の近似を許容するという考え方があったが，研究活動がグローバルなものになるに従い，これは認められない慣行とみなされるようになっている．図4・4に盗用チェックのソフトウェアによる解析例を示す．最近では，このように専用ソフトウェアを利用して文章の類似度をチェックすることができるため，研究機関や学術誌では盗用の摘発については自動化が進んでいる．単純なコピーアンドペーストがミスコンダクトとなることはもちろんであるが，自らの所属する研究領域では引用はどのように行うことがルールとなっているかについても学ぶ必要がある．

4・1・4　その他のミスコンダクト

　責任ある研究活動（RCR）と研究不正（FFP）の間にはグレーな領域が存在しており，明瞭に線を引くことが難しいことがある．また，どういう行為がミスコンダクトであるかは，研究領域によっても多少の相違がある．そのため，上記の3項目以外のミスコンダクトは**疑わしい研究活動**（questionable research practice，QRP）として分類されている（図4・5）．しかしながら，不正をFFPに限定することによるデメリットは大きく，より包括的にミスコンダクトへの対応策を講じるべきという声が大きくなっている．米国科学アカデミーは最近の報告書では，QRPを**有害な研究活動**（detrimental research practice，DRP）

として再定義しており，こうした行為に対して組織的に取組むことの重要性が示されている．

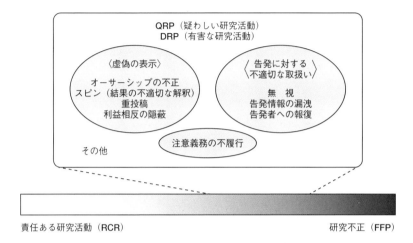

図 4・5　疑わしい研究活動（QRP）

a. 虚偽の表示　研究活動は，研究者に対する信頼がなければ成立しない．研究者には誠実な態度で研究に取組むことが求められており，また，その過程は必要に応じて公開されなければならない．研究成果に関連する情報の隠蔽，あるいは虚偽の情報の開示は，QRP として分類される行為のなかで最も深刻に捉えるべきものである（第 3 章参照）．

虚偽の表示として最もよく知られた事例は，**オーサーシップ**（authorship）*の不正である．論文の著者の資格についてはすでに第 3 章で紹介したが，資格のない人間が共著者になる，あるいは資格があるにも関わらず共著者にならないことはいずれも QRP である．前者には，研究室の主宰者や機関長が実質的には何の貢献もないにも関わらず共著者に加わるという**ギフトオーサー**（gift authorship），論文を受理されやすくするために有名研究者を加える**ゲストオーサー**（guest authorship）があり，後者には利害関係のある企業の関係者が加

---

*　近年，自然科学領域の研究論文では単著のものは激減しており，共著が多数をしめる．共著者の資格については本文でも説明したが，どのような順序で並べるかという問題もある．共著者の資格と，著者の順序を合わせて**オーサーシップ**という．分野によっては姓のアルファベット順というケースもあるが，ライフサイエンスではその順序がトラブルの原因となることがある．

わっていることを隠す**ゴーストオーサー**（ghost authorship）がある．共著者も
また研究論文に責任をもつという原則を考えれば，軽々しく共著者に加わるこ
とは避けるべきであり，一方で十分な貢献をしたにも関わらず共著者から外れ
ることは無責任である．1000 を超える論文数を誇る研究者もいるが，週に 1 本
というペースで責任をもって共著者，あるいは主著者としての論文を書くとい
うことはいかなる分野であろうときわめて難しいはずである．業績リストから
はギフトオーサーが強く疑われる状況にも関わらず，素晴らしい研究者として
賞賛される状況は，わが国ではオーサーシップの適切な運用ができていないこ
とを示すものである．

　不適切なデータの解釈もまた一種の虚偽の表示である．臨床研究では主目的
である問い（その医薬品は死亡率を下げるか，といった大きな問い）に加えて，
二次的な問い（血圧を下げる効果はあるのか，といった下位のテーマ）が設定
される．あるいは，対象とした集団から，ある特徴をもった集団を抽出して再
解析することもある．このとき，主目的の問いでは医薬品の効果がなかったに
も関わらず，二次的な解析における医薬品の有用性を過剰に強調する行為を**ス
ピン**（spin）という．医薬品の評価では，効果がないという情報は有効である
という情報と同等に重要であるが，スピンでは本来社会に伝えるべき情報がぼ
かされ，医薬品の有効性ばかりが強調される．スピンは，期待する目標が達成
できなかった研究プロジェクトの報告においても認められる．

　同じ研究内容で複数の学術誌に成果を報告することを**多重投稿**という．多重
投稿は一種の盗用（自己盗用）として FFP として取扱われることもあるが，そ
の研究成果がすでに発表されているという事実を隠蔽する行為でもある．多重
投稿は研究業績の水増しにもつながることから，厳しい対応が必要である．一
連の研究をあえて複数の論文として分割して公表することで論文数を稼ぐとい
う行為（**サラミ出版**）も QRP といえるだろう．

　企業からの支援を受けて当該企業の製品を対象とした研究を実施する場合，
研究活動として得られたデータを誠実に報告することを通じて，当該企業に大
きな損害が生じる可能性がある．たとえば，研究費を提供した製薬企業の医薬
品の有効性を検証する臨床研究において，ふたをあけてみれば比較対象として
いた他社の医薬品の方がよい成績を収めていたということがある．このときに
研究費を提供した企業に配慮して研究成果をお蔵入りさせることは，一種の研
究不正といえるだろう．このように利害が衝突する状況のことを，**利益相反**

（conflict of interest, COI）という（第3章参照）．COI情報の開示は，その研究を適切に評価するうえでは必須である．COIがなければバイアスはかかりにくいが，COIがある研究では注意深く研究を進めない限りバイアスが生じがちである．よって，COIが存在するにも関わらずそれを知らせないこともまたQRPに含まれる．

b. 注意義務の不履行　論文の撤回や修正の際には著者による説明が掲載誌に記載されるが，そうした公告では不注意で図を取違えたという説明を頻繁に目にする．実験データを整理し，間違いなく図表にまとめることは研究者の責務であり，間違いがあまりに多い場合にはミスコンダクトが疑われる．そもそも論文の図はいくら多くても，人間の注意の行き届く範囲の数であり，通常は共著者も点検することができる．事件として取上げられることはないが，論文の実験の部に記載されている情報の不足や誤記のために時間を無駄にするという経験は珍しいものではない．注意義務の不履行が多い研究者は，疑いの目で見られるのである．

c. 研究不正疑義告発に対する不適切な取扱い　研究不正疑義の告発は，告発者と被告発者のもつ情報に非対称性がある（研究を実際に行ったものの方が，その研究に関する情報をたくさんもっている）ことから，疑いの内容に合理性があれば，結果として疑義の指摘が誤りであった（ミスコンダクトはなかった）場合でも告発者が非難されるようなことはない．この原則は研究者コミュニティで自浄作用が効果を発揮するためには必須の条件であり，疑いが結果として間違った指摘であれば逆に告発者が処分されるということになれば，わざわざリスクをとって疑義を唱える研究者はいなくなるだろう．被告発者には，専門家に疑念を抱かせるような紛らわしい表示の発表をしたこと，あるいは必要な注意を怠ったことに対する責任があり，疑義の告発に対する説明義務がある．

　残念ながら，疑義の告発，特に内部告発については告発者が不利な取扱いを受けることがしばしばある．そこで，最近では，研究機関がミスコンダクトの告発を無視することや，告発情報を被告発者に漏洩すること，あるいは告発者への報復行為を容認することなどが，QRPの一つとして注目されるようになっている．これは研究者個人ではなく研究機関を対象とした問題であるが，疑義の告発が身近なところで起こった場合には，被告発者や研究機関が告発者に対してさまざまな圧力をかけることがあることに留意し，告発者を保護する必要

がある.

4・1・5　ミスコンダクトではないもの

　現在のところ危惧するような状況ではないが，ミスコンダクトに対する過剰な対応は，研究活動そのものを萎縮させる可能性がある．ここでは，ミスコンダクト，あるいはQRPとはならない場合についても取上げる.

　間違えやすいものの代表として，**オネストエラー**（honest error）とよばれるものがある．国内では，理化学研究所のSTAP細胞事件の際にhonestという単語の解釈で一時期混乱があった．悪意の有無，また法律用語としての故意性をさすなど，さまざまな議論があったが，真面目に研究活動を進めていても発生してしまうものがオネストエラー（うっかりミス）である．たとえば，たくさんの図がある論文の中で，1組だけ同一の写真があるという疑義を考えてみよう．ここで，詳細に調査をすると実際にはそれぞれの実験について適切な写真があり，作図の際に取違えをして，同じ図を並べてしまったというものはオネストエラーである．ここで，本来あるべき写真が実際には存在しないとか，1組の写真のうち一方は180°回転後，さらに切り抜いて同じ写真とはわからないようにしているといった条件が加わると，作意のある操作という色合いが濃くなり，捏造，あるいは改ざんとみなされる可能性が出てくる．ミスコンダクトの調査では，オネストエラーの可能性をまずは考え，それでは合理的な説明がつかない不自然な行為について聞き取りが行われる．ディオバン事件では，臨床研究のデータの欠落をオネストエラーと主張する例があったが，この場合は，そうした欠落が起こることがやむを得ない状況であったのか，また，欠落したデータが医薬品の有効性の証明においてどう影響するかを精査しなければならない．欠落したデータが，医薬品の有効性を否定するようなものばかりという状況では意図的な操作の可能性を排除することができない.

　グレーなものを区別する妙案はないが，"ずさんな研究者"，"未熟な研究者"を自認すればミスコンダクトの疑いから逃れられるという考え方は誤りである．研究活動に対する十分な知識をもたずに，研究者として参加したことの責任は問われなければならない．交通事故を起こした際に，無免許であることが免責の理由にならないことと同じである.

　実験結果の解釈の誤り，あるいは意見の相違に帰するものは，QRPではない．スピンとして取上げた例のように，論文の読者の印象を操作するために，当初

の主要な研究目的ではなく，二次的な話題に注目させることは QRP であるが，得られた実験結果に対する解釈そのものは自由である．誤りや不適切な解釈があれば，他の研究者から批判されることもあるだろうが，ミスコンダクトあるいは QRP として取上げられる問題ではない．

4・2 基礎研究における不正

　ミスコンダクトの背景となる研究環境は時代とともに変化している．米国の研究公正局（Office of Research Integrity, ORI）が，ミスコンダクトの調査報告書を，ミスコンダクトが認定された研究者との合意のもと毎年新たに公開している理由の一つは，新しい事例を知ることによる啓蒙効果が高いからである．ここではいくつかの事例をあげて，研究公正の観点から指摘できる問題点について解説する．第 1 章で述べた望ましい研究のあり方を参照し，それぞれのミスコンダクトの事例で軽視された研究者の規範とは何かを考えることを通じて，研究公正に対する理解が深まるだろう．

4・2・1　理化学研究所における STAP 細胞事件

　2014 年，理化学研究所は，分化したマウスの細胞を弱酸性溶液で培養することにより，胚性幹細胞（embryonic stem cell, ES 細胞：生体のあらゆる組織の細胞にも分化する能力をもった細胞）と同様の能力をもつ細胞（STAP 細胞とよばれた）が得られることを報道発表した．成果は *Nature* 誌に 2 報の論文として掲載された．研究プロジェクトの中心であった研究員 A は，わが国ではまだ少ない若手女性研究者であり，理化学研究所では一つの研究ユニットを主宰していたことから報道は過熱し，同研究所もこの新たなスター研究者を盛り立てた．成果は生物学の常識を覆すものとして注目され，メディアに対する研究員 A の "夢の若返り" という発言は，新たな幹細胞を用いた再生医療への期待を高めた．

　しかし，発表直後から論文上のデータに対する疑義が複数の研究者から指摘され，現象の再現性に疑問符がつけられた．さらに論文に掲載された図についても改ざんの疑いが指摘された．また，ネットでは，STAP 細胞が ES 細胞に由来する可能性が早い段階から示唆されており，後にこれが理化学研究所の別の研究者による遺伝子解析に基づく指摘であることが明らかとなった．こうした状況の中，半年後に二つの論文はともに撤回された（図 4・6）．理化学研究所

はその後も検証実験を継続したが，年末には実験結果の再現を断念した．二つの論文に対する調査委員会は，最終的に STAP 細胞，およびこれに関連する幹細胞は ES 細胞に由来することを認定した．すなわち，分化した細胞が幹細胞に変換するという現象は，何らかの理由で混入した ES 細胞によるものと結論された．研究の推進に重要な役割を果たした同研究所の発生・再生科学総合研究センターの副センター長 B の自死により，ミスコンダクトが起こった経緯については現在も不明のままである．研究員 A，および主要な共同研究者であった研究員 C はすでに退職している状況であったが，それぞれ懲戒解雇相当，出勤停止相当という処分が発表された．

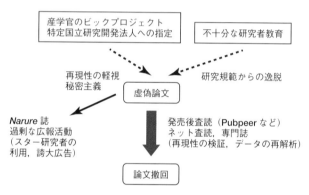

図 4・6 理化学研究所の STAP 細胞事件の概要

a. 再現性の軽視 判明している情報からは，研究グループ全体が厳しい時間的制約の中で研究を遂行していたことが推察できる．その理由として考えられることは，STAP 細胞という新しい発明に関する特許申請や，あるいは近く予定されていた特定国立研究開発法人の指定（事件が影響し，理化学研究所は 2 年遅れて指定された），神戸医療産業都市というビッグプロジェクトへの貢献などがあげられるだろう．共著者や理化学研究所が iPS 細胞の開発に匹敵する発見という認識をもつ一方で，その現象の全体像に関する再現性の確認は，研究グループ内で一度も行われていなかった．研究員 C は，研究員 A が不在の場合は実験が再現できなかったことを後に述懐しているが，このことを深刻な問題と受止めることはなかった．もう一人の重要な共同研究者であるチームリーダー D は，STAP 細胞に対する疑義が高まる中，作製法の詳細を新たな論

文として発表した．混乱を防ぐための追加の情報提供という理由が述べられたが，自らが結果の再現性を確認できない実験の詳細な手法を公表するという行為は，研究倫理を逸脱したものである．しかもここではオリジナルの論文の重要な前提が十分な説明もないまま修正されていた．こうした共同研究者の再現性軽視や，研究倫理からの逸脱の背景には，センター，あるいは研究所の運営方針が作用していたことが推察されるが，真相は明らかではない．

b. 研究者養成の問題　研究員 A は早稲田大学先進理工学研究科で博士の学位を取得しているが（後に学位審査がやり直しとなり，最終的には学位授与は無効となった），大学院におけるトレーニングの課程ではさまざまな研究者の指導を受けている．大学院ではまず先端生命医科学センターにおいて連携関係にある東京女子医科大学の教授 E の指導を受けていたが，その研究内容はベンチャー企業の基盤技術の検証に関するものであった．博士課程の研究の際に開発した細胞シート移植法に関する論文は，データが存在しないという理由で後日撤回されている．その後，短期留学先であったハーバード大学の麻酔科医 F のもとで幹細胞研究を実施し，それが STAP 細胞研究として理化学研究所で継続された．麻酔科医 F は生体組織工学の領域では有名な研究者であり，臨床医としての活動とは別に再生医療研究に取組んでいた．研究成果の広報活動は巧みで，巨額の研究費を獲得していたが，F 自身は基礎研究者としての経歴はなかった．研究員 C は理化学研究所における STAP 細胞研究の糸口をつくったが，博士の学位をもつ研究者に対して生データの確認などの干渉は難しかったと述べており，研究員 A を指導した形跡はない．研究員 A はほとんどの期間を学外の研究機関で過ごしており，早稲田大学の指導教員は形式的な存在であった．

　こうした一連の経緯からは，研究員 A は大学院在籍時に，生データを解析し，それを基に次の方針を指導者と議論するという標準的な研究指導を受ける機会をほとんどもたなかったことが推察される．研究員 A は魅力的なアイデアを考案し，さまざまな資料を使ってこれを説明することを研究活動と考えていた可能性もある．確かに人文科学ではそうしたアプローチで研究を進める領域もあるが，実験科学ではあり得ないことである．研究員 A の学位論文には，かなりの割合で文章や図の盗用が見いだされたが，これは研究員 A を取巻く研究環境の問題点を象徴的に示すものであった．

c. 過剰な宣伝（hype）　STAP 細胞研究は，これが仮に捏造研究ではなかったとしても，実験動物由来の細胞を用いた基礎研究であり，実用化への道

のりは遠い．また，すでに述べてきたように，一つのグループが発表した段階では再現性のある現象かどうかは不明であり，他の研究者の検証を通じて結果として誤りであることがわかることもある．*Nature* 誌の歴史をひもとけば，掲載論文のなかでも再現性が得られなかったものがかなりの数ある（発表時は注目を集めたが追試や検証の報告がない）ことを確認できる．ところが，理化学研究所は，副センター長 B が iPS 細胞に対する優位性を図示して強調し，研究員 A はその再生医療への応用の可能性を強くアピールするといった広報活動を通じて，あたかもインパクトのある成果が確定したかのような印象を社会に与えた．この報道を通じて，研究員 A や教授 E が研究開発に関与していた再生医療関係のベンチャー企業の株価も上昇している．科学研究のルールに基づき STAP 細胞事件を取扱うことが困難になった要因の一つは，理化学研究所による過剰な宣伝にあるといえるだろう．

4・2・2　東京大学分子細胞生物学研究所における研究不正

　2012 年に学外から寄せられた申立書に基づき，東京大学分子生物学研究所（分生研）の教授 G の主催する研究室から発表された論文 165 報について論文不正の調査が実施された（申立は 24 報）．教授 G はライフサイエンス領域のスター研究者の一人であり，研究室が獲得した研究費は 20〜30 億円と推定されている．疑義の多くは図の捏造，改ざんであった．調査の結果，33 報の論文における不正，およびそのうち 15 報に関わる 11 名の研究不正が認定された．懲戒処分の発表時にはすべての教員は退職していたが，教授 G，助教授 H，准教授 I，特任講師 J がいずれも懲戒解雇相当，助教 K は諭旨解雇相当という処分が発表された（役職は在籍時のもの）．また，学位請求論文において今回発覚した不正が重大な影響を与えたという判断により，3 名の学位授与が取消された．助教授 H，特任講師 J は，それぞれ，筑波大学，群馬大学の教授として研究室を主宰していた（いずれも退職）．

　a. 研究室の運営の問題　　調査報告書では研究室のスタッフのうち，助教授 H，特任講師 J がミスコンダクトにおいて主導的な役割を果たしたことが認定されている．このうち助教授 H は教授 G が研究室を立ち上げる際の初期の重要なスタッフであった．教授 G は国際的に著名な学術雑誌への論文掲載を過度に重視しており，これが他のスタッフ，所属研究員に大きなプレッシャーを与え，ミスコンダクトを誘発したと考えられている．実際に，実施困難なスケ

ジュールの設定，教授の構想したストーリーに合致した論文用の図をつくるための画像の"仮置き"，学生への強圧的な研究指導といった研究室の不適切な慣行が，調査報告書で認定されている．どこがオリジナルデータなのか判別しない複数の切り貼りで合成された図や，都合の悪い部分に白い四角をおいてデータを隠すといった，明らかに操作が認定できる図が多数見いだされている．トップによる指示，あるいは誘導のせいでミスコンダクトが多発したのか，あるいは学生やスタッフがトップの機嫌をとるために，あえてミスコンダクトに踏み込んでいたのかといった詳細は不明であるが，研究室の異常な慣行の数々は，研究室に新たに入ってきた学生にとっては受け入れがたいものであったことが推察される．

教授 G は，事件が発覚する前に，日本分子生物学会の研究倫理シンポジウムで司会進行を担当している．その場では，後日学位を取消された教授 G の研究室出身の研究者が，再現実験を繰返すことの重要性に言及し，"魂を捨てたら，もう研究者の生命は終わりよ"と述べている．教授 G を含む日本分子生物学会研究倫理委員会は，2008 年に研究不正問題に対する方策を答申しているが，そこでは研究指導者に対する研究倫理教育の欠如や，組織的な調査体制の不備が指摘され，改善策が提言されていた．これらのエピソードには驚くしかないが，業績至上主義が研究室のあり方をいかに強く歪めているかを示すものである．また，18 報の論文におけるミスコンダクトについては経緯が不明であり，不正認定がなかった所属研究者についての疑義が解消したわけではない．

2017 年には，分生研において再びミスコンダクト事件が発覚した．教授 L は連続して大型予算を獲得するスター研究者であり，初期の研究成果は高等学校の教科書にも取上げられていたが，複数の論文においてその結論を担保するはずの主要な画像データの改ざんが認定された．同じ研究室の助教 M の不正行為も認定されたが，研究室では論文のメッセージ性を高めるためには積極的に画像を加工するべきという間違った指導が行われていた．教授 G による研究不正を受けて，分生研では厳格なミスコンダクトの再発防止策を制定し，それを運用していたが，研究公正に関する指導者の認識が歪んでいる場合，その効果は限定的である．

b. ミスコンダクトにより形成されたキャリア　この事件ではミスコンダクトによって研究業績を積み上げるという戦略の問題点を理解することができる．助教授 H，特任講師 J はいずれも研究キャリアの早い段階からミスコンダ

クトに踏み出していたことが推察されるが，教授 G の研究室から独立し，それぞれ筑波大学，群馬大学の教授となった．助教授 H は筑波大学においてもミスコンダクトを継続しており，分生研とは別に筑波大学時代の研究についても不正行為が認定された．一方，特任講師 J については，独立に前後してその成果についてネット上で疑義が指摘されるようになった．特任講師 J は教授就任後に大型研究費を獲得しているが，成果として論文を発表していない．すなわち，ミスコンダクトで身を立てても，発覚するまで継続するか，あるいはミスコンダクトをしない代わりに研究業績もないという状況に甘んじるしかないということである．ミスコンダクトに踏み出すきっかけが指導者の強制であるとしても，ミスコンダクトに依存して論文を作成することが常態化した研究者が独立をきっかけとして誠実な研究者に変わるということは実際には難しい．

4・2・3　iPS 細胞研究所における研究不正

　iPS 細胞研究所（CiRA）相談室に寄せられた疑義を受けて，研究所の特定拠点助教 N が筆頭著者かつ責任著者である研究論文 1 編を対象とした調査が実施された．調査結果は 2018 年に CiRA によって発表され，実際に測定された生データとは著しく乖離したグラフが助教 N によって作成されていること（捏造，改ざん）が明らかにされた．助教 N は調査結果を受入れ，論文は撤回されることが決定した．CiRA では iPS 細胞の開発者でありノーベル賞受賞者でもある同研究所の所長が記者会見において謝罪したことから，大きな話題となった．

　a. 研究機関の対応の重要性　　実測した多数のデータを整理し，統計処理する際にはソフトウェアが用いられるが，この段階で実測値が正確に入力されているかを外部から検証することは難しい．企業ではログ（使用記録）を自動的に保存する測定機器を用いることでこの問題に対応している．CiRA では，測定機器から抽出された実測値と助教 N の入力値およびグラフとを比較することで，捏造，改ざんを認定した．公表された資料では，実測値に基づいて本来のグラフが再現されており，ミスコンダクトの影響が論文の主要な結論に及んでいることが明示された．組織内からの告発を速やかに取上げ，厳しい姿勢で調査を実施したことは，研究機関の姿勢として適切なものである．

　b. 不適切なオーサーシップ　　ミスコンダクトが認定された論文には複数の共著者が存在するが，調査委員会は，助教 N による数値の改ざんに気づくことは困難であるという理由をもって共著者の責任を問うことはなかった．しか

し，実験データの収集に関わったが，それがどのように論文の中で用いられているかを知らないという共同研究者は，共著者の資格を満たしているのだろうか．謝辞で言及することにとどめるべき研究協力者と，共著者との境界については，近年，活発に議論が行われているが，自らが取得したデータについて責任をもたない場合は共著者とすべきではないという考え方が一般的である．共著者は，自らの貢献を確認することを通じて，今回のようなミスコンダクトを抑止することができるのである．

4・3 臨床研究における不正

臨床研究において認められるミスコンダクトは，基礎研究のものと基本的には同じものであるが，製薬企業が研究を支援する場合は，しばしば利益相反の取扱いが大きな問題となる．ある化合物が医薬品として承認を受けるために実施される臨床試験は治験とよばれるが，これは厳格な規制のもと実施されており，この過程で生じた不正行為には罰則もある．一方で，すでに承認された医薬品の治療効果を医師の主導のもと調べるタイプの臨床研究は長い間ルールが定められていなかった．競合する医薬品に対する優位が臨床研究によって証明されることは，その医薬品の収益を劇的に高めることにつながる．ディオバン事件をはじめとする相次ぐ臨床研究の不正の背景には，収益拡大を目指す製薬企業の姿勢，影響力の拡大を目指す医学部教授，そして結果的にそれに迎合する医師の姿がある．

4・3・1 ディオバン事件

ノバルティスファーマの高血圧治療薬であるディオバン（一般名：バルサルタン）を対象とした医師主導臨床研究の複数の論文について，国外の同種の報告とは結果が乖離していること，また解析には統計学的に不自然な点があることが相次いで指摘された．こうした疑義を受けてそれぞれの研究機関で実施された調査を通じて，データ収集，および解析の際に不適切な行為があったこと，また，ノバルティスファーマ社の社員Oが統計解析者としてこれらの研究に加わっていたことが明らかとなった．社員Oは臨床研究に参加した大学とは別の大学の肩書きももち，ノバルティスファーマ社員としてのCOIは開示されていなかった．

臨床研究は，京都府立医科大学，東京慈恵会医科大学，滋賀医科大学，千葉

大学,名古屋大学でそれぞれ実施されていたが,すべての大学で解析データの操作,あるいはずさんなデータ収集が明らかとなり,不適切とされた臨床研究論文はいずれも撤回,あるいは撤回勧告を受けた(図4・7).厚生労働省は,薬事法違反の疑いで告発を行い,東京地方検察庁はノバルティスの研究員Oを逮捕した.東京地裁は無罪の判決を下したが,2017年現在,裁判は継続している.裁判では研究員Oの改ざん行為が認定されたが,一方で,臨床研究に参加した医師が自身の改ざん行為を認める証言もあった.この事件を受けて**臨床研究法**が成立し,製薬企業から資金提供を受けた医薬品の臨床研究に対する規制が始まった.

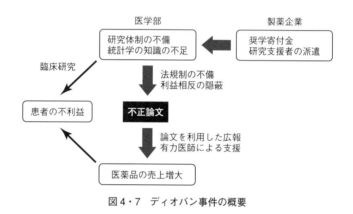

図4・7 ディオバン事件の概要

a. 研究者の責務 ディオバンに関する臨床研究は,ディオバンの治療薬としての優位性を臨床研究の結果として示したいノバルティスファーマと,大規模な臨床研究を通じて大型研究費を獲得し,これを自らの業績としたい医学部教授の利害が一致するところから始まっている.しかしながら,大学側は実際には大規模臨床研究の経験に乏しく,実施体制が脆弱であった.そのため,研究を進めるためには,臨床研究に関する知識が不十分な医師や,外部からの労務提供に依存せざるを得なかった.このことは,得られたデータの解析について大学側が十分に吟味できる体制ではなかったことを意味しており,臨床研究の実施経験が豊富な製薬企業の影響を受けやすい環境にあったといえる.大学側は臨床研究に参加した医師に統計学の知識が乏しいことや,社員Oによるデータの操作を主張したが,これらは医師主導の臨床研究の枠組み自体がずさ

んなものであったことにほかならない．また，ディオバンを用いて臨床研究を行う医学的な動機については，研究をリードした教授たちからは明瞭な言明がなく，患者を巻込む形で不要な臨床研究を行ったのではないかという倫理的な問題も指摘されている．

b. 利益相反（COI）　承認済みの医薬品の副次的な有効性を検証する医師主導型の臨床研究では，当該医薬品を供給する製薬企業からの資金的な援助は開示すべき利益相反となる．ノバルティスファーマは，巨額の資金をそれぞれの大学の研究室に奨学寄付金として提供していた．また，大学側の実施体制の貧弱さのため，統計解析担当者をはじめとする労務提供が行われていたことも見逃せない．本来こうした利益相反の問題は，詳細を公開し，大学側が適切に管理を行う必要がある．しかしながら，調査報告書では，大学内の研究倫理委員会，あるいは利益相反を管理する委員会は，それぞれ機能していなかったことが指摘されている．

4・4　研究不正の背景

ミスコンダクトが起こる背景は重層的で，それぞれの要素の寄与の割合は案件によっても異なると考えられる．しかし，特異な個性をもった研究者が暴走するという従来からある解釈では，ミスコンダクトに対応することは困難である．ここではミスコンダクトの要因について，科学研究に対するいくつかの異なる観点から解説する．

4・4・1　研究環境の変化

ミスコンダクトは全数の把握が難しいため，その数が増加しているかどうかは明らかではない．しかしながら，論文の画像の不正に着目した解析や，論文撤回数の調査からは，国際的にミスコンダクトの発覚が急増していることが推察される．

二度の世界大戦を契機として，基礎研究の支援は，有力者によるパトロン型から国家によるものへとシフトした．大きな経済成長がある間は，基礎研究への投資には余裕があったが，先進国ではしだいに基礎研究への投資の効用について厳しい目が向けられるようになった．第1章で述べたように，基礎研究の価値を同時代に評価することは困難であるが，一方で，行政からは客観的な評価が要請されるようになった．量的な問題としては論文数が用いられたが，質

的な評価も必要ということで重用された指標が**インパクトファクター**（IF）である（第3章参照）．IFは学術誌の直近の引用頻度を示す数値であり，その学術誌に掲載された個々の論文の指標として用いることは不適切である．ライフサイエンスでは，*Cell, Nature, Science* という雑誌が別格として扱われることが多いが，これらに掲載されたものでも引用数がきわめて少ないものもある．より本質的な問題として，IFは国際的に重点的に予算配分されている分野（流行りの研究分野）では，高くなる傾向がある．これは学術的な研究の質とは無関係である．しかしながら，IFを用いた評価は，ライフサイエンス系では特に幅を利かせており，研究者を発表論文の総IF値で比較するといった異常な人事評価も行われるようになった．行政からの観点としては，新聞による報道やテレビの取材なども，社会的なインパクトがあるという評価に結びつきやすい．こちらは，研究活動における誇大広告（hype）として取上げたとおりである．

　わが国ではこれまでに"ポスドク1万人計画"[*1]のもと，博士の学位をもった研究者の量産が国策として志向されたが，一方でそのキャリアパスについての見通しは甘いものであった．そのため，常勤ポストのない博士研究員が増加し，3〜5年くらいの期限つきの研究プロジェクト予算で非正規雇用されることが一般化した．

　こうした背景の中，"選択と集中"という方針で，競争的研究費へのシフトが促進された．従来のようにポストに研究費がつくのではなく，短期間の研究業績を競うことが要請されるようになった．研究費の集中は"ビッグラボ"を生み出し，有力研究者のもと多数の博士研究員が期限つきで雇用されることが常態化した．その結果，"ビッグラボ"を維持し続けるには，IF値の高い論文をコンスタントに発表する必要があるという認識が生まれるようになった．研究室を運営する研究室主宰者は大型予算獲得のために，博士研究員は雇用の継続や昇進のために，それぞれ高いIF値を求めるようになった．実態は明らかでは

[*1] ポストドクター等1万人支援計画の略称．アメリカの大学，基礎研究推進のあり方をモデルとして，第1期科学技術基本計画の一部として策定された．指導する側の教員数はそのままで，かつ理念が十分に共有されたとはいえない状況の中，博士課程進学が推奨された．国の数値目標は達成されたが，一方で研究指導が不十分なまま博士号を授与されるケースが問題視された．

[*2] ミスコンダクトの調査は疑義を告発された研究機関が実施し，不正が認定された場合には調査報告書が原則として公開される．現時点で確認できるものはいくつかあるが，一定期間後に研究機関ウェブサイトから削除されることもある．文部科学省は，"文部科学省の予算の配分又は措置により行われる研究活動において特定不正行為が認定された事案（一覧）"として記録している（http://www.mext.go.jp/a_menu/jinzai/fusei/1360839.htm）．

4・4 研究不正の背景

ないものの，これまでに公開された調査報告書*2 からは，こうした研究環境の変化がミスコンダクトを誘発する一因となっていることが推測できる．

4・4・2 研究指導者の問題

すでに何度かふれているが，研究に向かう姿勢は座学だけでは学ぶことができない．実際に自分の研究課題をもち，得られたデータをどう取扱うかという経験が重要である．実験の繰返しはどの程度やればよいのか，異なるアプローチからの確認はどこまでやるのか，どのタイミングで学会発表するのか，いつ論文としてまとめるのか，査読コメントに書かれた要求に応えられなかった際にはどうするのか，といった研究活動に伴う折々の判断を指導者の姿勢から学んだという研究者は多い．

研究者は徒弟制の職人に喩えられることもあるが，手工業と比較すれば圧倒的に歴史が浅く，職業倫理的な考え方も定着していない．わが国では，教授のもと，准教授，助教などがピラミッド的な組織で研究を進める小講座制が維持されてきたが，近年では若い時期に独立したチームで研究を進めることも推奨されている．どのような仕組みで研究を進めれば最も生産性が高いかは，研究領域や構成員の性格によっても異なることから，今も試行錯誤が続いているといえるだろう．

徒弟制的な仕組みは，指導者が理想的な研究者である場合には，優れた研究者養成の場となることが期待できる．指導者は，若い研究者が成長するプロセスの中で，最適なタイミングを選んで議論することによって，研究者としての姿勢を伝えることができる．実験的証明が不完全な状況で投稿を急ぐことは若手研究者にはよくみられるが，その危険性を深いレベルで認識するためには，具体的な事例から学ぶことが望ましい．一方，指導者が研究環境からのプレッシャーに堪えることができない場合は，徒弟制的な仕組みは最悪の環境である．上述した東京大学の分子細胞生物学研究所のミスコンダクトでは，指導者からの強圧的な指示や，実際のデータが得られる前に論文に必要な図をつくっておく "仮置き" という好ましくない慣行があることなどが明らかとなったが，閉鎖的な研究室において業績至上主義が蔓延してしまうと，若い研究者の逃げ場がなくなってしまう．

理論科学の研究領域と比較すると，実験科学の分野では，研究者として独立する年齢が比較的高かったが，近年では若い時期に独立して研究を進める機会

が増加した．独創性のある研究を展開するうえで，早くから独立することには大きなメリットがあるが，一方で，研究倫理を身につけるうえではリスクがある．実験科学には，しばしば研究者がまったく予想できない落とし穴がある．再現性を確認するうちに，まったく予期しなかった新たな可能性が浮かび上がってくるという経験をもつ研究者は多い．一方で，早くから独立する機会を得た研究者のなかには，そうした冷や汗が出るような経験に乏しいものもいる．仮説をそのまま実現することで論文を作成してきたようなキャリアしかもたない研究者は，周到に再現性を確認することを軽視しがちである．それは結果として，スピーディーな研究につながり，大きな成功を呼び寄せることもあるが，逆にある時点で仮説が完全に崩壊してしまうようなこともある．過去のデータを否定しないのであれば，可能な選択肢は，研究テーマを変えるか，あるいはミスコンダクトに踏み出してストーリーの整合性を維持するかである．過去のストーリーが破綻してしまった研究者のなかには，独立してからは論文が激減してしまう例もある．

4・4・3 研究指導の問題

欧米では博士の学位は研究者としての免許皆伝という認識があり，その審査は一般に厳しい．学位審査は defense とよばれ，審査員から寄せられるさまざまな角度からのコメントに対して自らの研究が学位に値するものであることを主張する．ここでは自らの研究には新規性があり，独創的であること，また，得られた成果には学術的意義があることを審査員に納得させなければならない．審査員は批判的な姿勢で審査に臨み，候補者を研究者として社会に送り出してよいかを評価する．実験結果は多角的に検証されているのか，そして候補者の主張は成果と照合して妥当なのかといった問いを通じて，候補者の研究者としての資質と能力が問われる．そうした厳しい問いかけは，候補者の研究者としての誠実さを浮き彫りにする．

先に述べた "ポスドク 1 万人計画" では，課程博士をどの程度輩出したかといった数値目標が重視され，一方で学位審査の評価基準は，大学のそれぞれの部局に委任された．その結果，研究の質は掲載された学術誌のランクで判断し，研究者としての姿勢の保証は指導教員任せにするといった学位審査の質の低下が，数多くの研究機関で生じるようになった．STAP 細胞事件に関連して，早稲田大学の先進理工学研究科の学位論文における大規模な盗用が明るみに出た．

注目を集めた理化学研究所の研究員の学位は最終的には取消されたが，同じようなレベルで盗用していた多くの大学院修了生は，訂正の機会を与えられて学位の剥奪を回避した．研究に取組む姿勢を審査する重要な資料である学位論文に大がかりなミスコンダクトが見いだされることは，学位授与を社会的使命の一つとする大学にとって重大な事件であり，大学院における研究人材育成が危機的状況にあったことを示すものである．

医学部の学位審査では，学位論文を作成せずに，論文が掲載された学術誌の別刷りをバインダーに挟んで提出することが認められていることがある．たとえば，ネットで公開されている博士（医学）のリポジトリを閲覧すると，しばしば学術誌の PDF ファイルがそのまま掲載されている．ライフサイエンスや医学の論文は通常は複数の研究者による共同研究である．学位審査は研究者個人の資質を問うものであるため，そのエビデンスとして We という一人称複数形を主語として書かれた論文の提出を認めることには問題がある．研究者としての責任や，資格，姿勢が問われる機会が少ないことは，ミスコンダクトを誘発する要因の一つである．2016 年の日本循環器学会では，米国で研究公正局（後述，ORI）によってミスコンダクトを公式に認定された研究者と，ディオバン事件の大学側の責任者の一人が代表選挙を争った．研究公正を重要な問題と考えない学会の体質はミスコンダクトの温床といえるだろう．

研究室の重要な役割の一つは誠実な研究者を育成することであり，研究成果をまとめて論文にすることだけではない．

4・5 海外における取組み

米国では，国際的にも群を抜いた規模で研究活動が行われており，研究公正の問題についても早くからその重要性が認識されていた．研究不正を対象とする研究の蓄積，研究公正を目指す公的機関の存在，あるいは大学内の研究公正担当者などの配置といった特徴は，いずれも先進的な取組みである．一方で，大型のミスコンダクトの発覚はむしろ増加傾向にあり，上記の対策の実効性や，さらなる対応の必要性について議論されている．

4・5・1 研究公正局

研究公正局（ORI）は，1992 年に連邦政府系の二つの部局が統合する形で発足した．米国国立衛生研究所（National Institutes of Health, NIH），および NIH

が資金提供している研究を対象としている．ミスコンダクトの告発に対する調査は原則として当該研究機関が担当するが，ORI はそのサポートを行い，研究機関からの調査報告書を受取る．複数の研究機関にまたがるような重大な事件では直接 ORI が調査を担当することもある．ミスコンダクトが認定され，調査が完了すると，ORI と当該研究者の合意のもとその報告書が公開される．ORIのウェブサイトには，ミスコンダクトの取扱い，調査方法の紹介，研究倫理教材などが掲載されており，研究倫理の啓発活動も活発である．NIH の研究費を申請する大学には，最低 1 名の研究公正官（research integrity officer, RIO）を置くことが義務づけられており，ORI は RIO を活用することで各研究機関にその影響を及ぼしている．

4・5・2 出版後査読の動き

論文審査は，研究者の誠実さが前提となっているので，審査の過程で，"この図は改ざんがあるのでは"とか，"報告内容そのものが疑わしい"といった批評をすることはない．しかしながら，撤回論文の多くに何らかのミスコンダクトがあることからもわかるように,性善説を前提とした論文審査には限界がある．また，ミスコンダクトはなくても，再現性の確認が不十分なために科学的な知見としての質が低い論文もある．従来は，学会などにおける研究者間の個人的なやり取りの中でこうした疑義が議論されていたが，近年，そうした役割の一部を担う以下のようなウェブサイトが登場している．こうした新たな研究評価の仕組みを，**出版後査読**（post-publication peer review）という．出版後査読は，ミスコンダクトや再現性を確認しない，いい加減な論文の増加に対する研究者側の防衛策の一つとして機能している．

a. Retraction Watch　　学術誌における撤回，訂正，懸念表明（問題のある論文について学術誌の編集部が見解を示す）を対象として，その背景を記事にしている．Retraction Watch（http://retractionwatch.com/）には編集部があり，記者が関係者に取材をして問題となった論文の背景を記事として提供している．多数の論文の撤回や，あるいは大型の研究不正の場合は何度も記事が配信され，その事件の特別コーナーも設けられる．

b. PubPeer　　学術論文に関するあらゆる議論を受け入れることが標榜されているため，他の発表後査読のウェブサイトではしばしば禁止されているミスコンダクトの疑義の告発が多い．投稿者の匿名性が担保されており，取上げ

られた論文については責任著者にメールが届く．そのため，疑義を告発された研究者が，自らの正当性を示すために生データを示すというやり取りもしばしばみることができる．理化学研究所のSTAP細胞事件についてもPubPeer (https://pubpeer.com/) では早くからその疑義が議論されていた．研究者への人格攻撃，あるいは悪意や操作を断定的に述べることなどは禁止されており，投稿は事務局によりチェックされている．

このほかにも *PLOS ONE* 誌に代表されるオープンアクセスの学術誌では，それぞれの掲載論文に対して自由にコメントをつけることができるが，活発に議論が行われていることは少ない．ライフサイエンス分野で最も有名なPubMedにおいてもPubMed Commonsという名称で出版後の議論を奨励していたが，コメント数があまりに少ないことから4年間で停止となった．ネガティブなコメントを禁止することは，研究に対する自由な議論を制約するのかもしれない．一方，PubPeerのコメント数を見ると，注目度の高い論文の評価，あるいは何らかの疑義が生じている論文については研究者の関心もが高いということがわかる．

4・5・3　米国科学アカデミーの提言

第1章では米国科学アカデミーから発表された"研究者の責任ある行動"について紹介したが，同アカデミーからは2017年に"研究公正を醸成する Fostering Integrity in Research"という報告書が発表されている．米国は研究公正を推進するために先進的な取組みを続けているが，一方でミスコンダクトの告発が減少することはなく，研究公正を目指す取組みの実効性については議論がある．米国の現状をふまえた提言であるが，わが国においても当てはまる点は多い．

ここでは，研究機関が研究公正の推進に最も重要な役割を担うことが最初に強調されている．米国においても組織防衛のために決められた最低限の対応しかしないという研究機関が問題となっていることがわかる．米国ではすでにORIという公的機関があるが，独立した非営利組織として新たに研究公正諮問機関を設けることが提言されている．また，内部告発者の保護についても改めて注意が促されている．

デューク大学では，ミスコンダクトを知りつつ，その成果を利用して大学内の研究者が公的研究費を申請したという内部告発が2015年にあった．これは連

邦不正請求法を適用した訴えであり，大学側の責任が認定されると最大で獲得研究費の 3 倍，6 億ドルの賠償金が課せられる可能性があり，内部告発者は多額の報奨金を得る．わが国ではまだこのような動きはないが，不正な研究に消費される公的資金に対する社会からの批判が高まれば，研究機関におけるミスコンダクトの取扱いはさらに重要な問題となっていくことが予想される．

4・6 国内における取組み

すでに紹介しているが，文部科学省による 2014 年の "研究活動における不正行為への対応等に関するガイドライン" が，研究機関がミスコンダクトを取扱ううえでの指針となっている．ミスコンダクトに関するルールは国際的にみても試行錯誤の過程にあり，このガイドラインでも引続き見直しを進める予定であることが述べられている．文部科学省では，相次ぐ大型の研究不正事件を受けて，2015 年には研究公正推進室を設置している．研究公正推進室の役割は，研究公正を推進するための政策の企画，立案，推進であり，米国の研究公正局のように研究不正の調査や裁定の実施，助言といった機能をもつものではない．日本学術会議は 2005 年に "科学におけるミスコンダクトの現状と対策 —— 科学者コミュニティの自律に向けて" という報告書において，ミスコンダクトが告発された際の手続きの整備，およびアカデミックコート（裁定機関）の設置の必要性を指摘しているが，その後の動きは鈍く，2017 年現在において研究不正への対応は研究機関によって大きく異なっている．たとえば，ネットにおける匿名の指摘もミスコンダクトの告発として取扱うことができるが，実際には放置されている事例が多い．学術誌の審査が抱える問題点を補完するシステムとして注目されている，出版後査読（前述）のウェブサイトにおいて何度も取上げられている有名なミスコンダクト事案が，国内ではまったく無視されているという例もある．昔の研究論文ではしばしばもとの生データが破棄されていて存在しないこともあるが，ある研究機関は 5 年より昔は調査対象ではないとしており，一方で別の研究機関は可能な限り遡及して調査する．ミスコンダクトが認定された研究者に対する処分についても，統一した基準はない．組織的な研究不正のあった研究室の責任者の事例をみると，懲戒解雇という重い処分もあれば，比較的短い停職処分といったものまで幅がある．処分を受けた研究者が裁判で争うというケースもある．ミスコンダクトが発生した責任や懲戒処分のあり方に関する議論が必要な状況である．

厚生労働省は2015年に“厚生労働分野の研究活動における不正行為への対応等に関するガイドライン”を示しているが，その内容は文部科学省のガイドラインに準じるものである．前述のディオバン事件をきっかけとして，2017年には“臨床研究法”が公布され，治験以外の臨床研究に関する規制指針が決定された．

研究公正を推進するうえで必要な情報やツールを提供するウェブサイトとして，**研究公正ポータル**が科学技術振興機構（JST）によって提供されている（http://www.jst.go.jp/kousei_p/）．このサイトは，JSTに加えて，文部科学省，日本医療研究開発機構（AMED），日本学術振興会（JSPS）が連携して運営されており，研究倫理に関する情報が集約されている．AMEDでは，2017年に各研究機関の研究公正担当者のネットワーク（RIOネットワーク）を設立している．

4・7 研究室でできること

健全な研究環境を形成するためには，研究に関わるすべての関係者が研究公正を推進する姿勢をもつ必要がある．一方で，研究コミュニティにおける研究公正を志向した仕組みの整備についてはいまだ発展途上にあり，組織や有力研究者を守るために研究倫理が歪められることもしばしばあるのが現状である．ここでは，研究室に所属する若手研究者，あるいは研究者の卵を対象として，研究公正を推進するために何ができるかを述べる（表4・1）．研究室の方針や雰囲気は指導者の影響を大きく受けるために，個人のレベルですべてを実践することは難しいかもしれない．しかし，あるべき理想をイメージすることは必要であり，それは自らが研究室の運営に関わるようになったときにも役立つだろう．

表4・1　研究室で心掛けること

質の高い研究を目指す	再現性がある，頑強な結果
正確な記録を残す	実験ノート，データの管理の重要性
誤解のない表現を心掛ける	正確，詳細な説明
共著者としての責任を果たす	生データの共有，解析結果の点検

4・7・1 質の高い研究を目指す

ミスコンダクトが含まれている研究から得られた知見は脆弱であり，再現性

に乏しい．実験結果と仮説の相違は，ときに自然現象の本質を示していることがある．この相違に正面から取組むことにより得られる成果と，つじつまをあわせるためにミスコンダクトに及ぶこととの差はきわめて大きい．ミスコンダクトをしてしまったがために，後続研究が行き詰まる例は数多くあり，残念ながらそのせいでオリジナルな最初の発見が埋もれてしまうこともある．質の高い研究を志向することは，ミスコンダクトから距離をおく最もよい方法である．

4・7・2　正確な記録を残す

　実験結果の記録がずさんな場合や，データの整理ができていない環境では，ミスコンダクトが起こりやすい．この写真はどちらのデータなのか，あるいはこの表の列はどの試料の測定結果なのか，といった曖昧さが生じた際に，都合のよい方を選択する．そのようなところからミスコンダクトが始まることもある．また，ミスコンダクトが疑われたときに，不正確な記述の実験ノートしか残っていなければ，自分の潔白を証明できないかもしれない．データ管理の厳格さはミスコンダクトを予防する．正確な記録は身を守るのである．

4・7・3　誤解されない表現をする

　研究指導者への実験結果の報告，あるいはスタッフとの議論において，報告者の説明が適切でないために，お互いの認識する内容が異なってしまうことがある．データの説明が不十分な場合，指導者が実験条件を都合のよい方向に誤解していることがある．こうした場合，実際には存在しない"興味深い結果"だけが一人歩きして，実験者が誤解を訂正することが難しくなってしまうこともある．もちろん，まともな指導者であれば実際のデータや実験条件を確認するため，そのような誤解は生じないはずであるが，指導者の多忙やいくつかの悪条件が重なることもある．報告の際にはできるだけ定量的な表現を心がけ，結果が期待通りであったときほど丁寧に報告するという態度が望ましい．

4・7・4　共著者としての責任を果たす

　共著者は論文の担当部分にのみ責任をもつのではない．自らが関与した論文の全体像に関心をもち，その内容に間違いがないことを確認する役割がある．共著者が相互に生データと解析結果をチェックし，情報を共有することは，ミ

スコンダクトを防ぐうえでも効果がある．大阪大学の生命機能科学研究科で発覚したミスコンダクトでは，論文は教授が一人で作成しており，共著者が知らないうちに投稿されるということが常態化していた*．

4・7・5 研究不正に巻込まれたら

十分調べたうえで指導者を選んだつもりだが，実は研究室全体でミスコンダクトが蔓延していた，あるいは，指導者は問題なさそうであるが，自分が指導を受けているスタッフがミスコンダクトに関わっている，こうした場合にはどうすればよいだろうか．

大事なことは，自分自身がミスコンダクトから距離をおくことである．研究室の一部がミスコンダクトに関わっていないことがわかれば，そちらのグループに移籍できるよう努力するとよいだろう．待避することが難しい場合は，研究室を移籍することを目標とする．学部生にとって大学院進学はよいタイミングであり，大学院進学後であればもう一度別の大学院を目指すことも考えてよい．一方，実験操作や研究内容に対する理解が浅いために，その研究領域の慣行をミスコンダクトに類するものと誤解することもある．研究領域についてしっかり学び，判断することが大切である．

ミスコンダクトを強制されるようなハラスメント型の環境では，後から事実関係がたどれるように正確な記録を残す方がよい．実験ノートに加えて，個人的な記録をつけておくと，事件となったときに役に立つ．ミスコンダクトに対する怒りや期待を裏切られたことへの落胆はあるだろうが，在籍時にそうした感情を表出することは避けた方がよい．ミスコンダクトについて相談する場合は，信頼できる研究者（研究機関が異なることが望ましい）を見つけなければいけない．研究機関内の利害関係は複雑であるため，他の研究室のスタッフが信用できるかどうかの見極めはしばしば難しい．

将来の研究者としては，組織的なミスコンダクトは看過せず告発することが望ましいが，研究室全体の運命を左右するような問題を一人で背負うようなことは危険であり，避けるべきである．ミスコンダクトが起こっている場から離れた後に，信頼できる研究者に情報提供を行うことが望ましい．

---

* 2006年に論文不正が発覚し，助手を含む当時の研究室の共同論文著者らの実験データが教授により改ざんされていたことが明らかとなった．教授は懲戒解雇となった．真相解明に協力していた助手が自殺したことが *Nature* 誌のニュースにも取上げられた．

章末問題

4・1 関連する実験のなかで，都合の悪い（自分の仮説の整合性に影響を与える）データが得られた際に，これを隠蔽することはミスコンダクトといえるだろうか．あるいは，そのデータが再現性あるものとして確定する前に，その実験を取止めてしまったらどうだろうか．

4・2 マウスを使った実験の成果に基づいて，"がんが治る"とか"新薬につながる"といったマスコミ報道が行われているが，このような報道の基となった研究者による記者会見には問題はないのであろうか．もしあるとすれば，研究者はどのようなことに注意すべきか．

4・3 ライフサイエンスの研究者である白楽ロックビル氏のウェブサイト"研究倫理"（https://haklak.com/）では，さまざまなミスコンダクトの実例を学ぶことができる．興味をもった事例をピックアップし，そのようなミスコンダクトを減らすために有効な方策を提案せよ．

4・4 ORI によって製作されたシミュレーションビデオである"The Lab"は科学技術振興機構のウェブサイトで日本語版を閲覧することができる（http://lab.jst.go.jp/）．"The Lab"では一つのミスコンダクト事件をめぐって，さまざまな立場でロールプレイをすることができる．異なる立場でロールプレイをした者同士で，ミスコンダクトが起こる理由や，身近な場で起こった場合にどう振舞えばよいのかを議論せよ．

4・5 研究領域によって研究慣行は異なるため，研究公正を目指して統一した規則をつくることは難しい．自分の所属する研究領域で規則を作成する際に，ローカルルールとして重要なものをあげよ．

参 考 資 料

1) 学術と社会常置委員会（日本学術会議），"科学におけるミスコンダクトの現状と対策 ── 科学者コミュニティの自律に向けて"（2005）［http://www.scj.go.jp/ja/info/kohyo/pdf/kohyo-19-t1031-8.pdf］.
2) "科学の健全な発展のために"編集委員会，"科学の健全な発展のために ── 誠実な科学者の心得"，丸善出版，（2015）.
3) 文部科学省，"研究活動における不正行為への対応等に関するガイドライン"（2014）［http://www.jst.go.jp/impact/organization/data/r06.pdf］.
4) 厚生労働省，"厚生労働分野の研究活動における不正行為への対応等に関するガイドライン"（2015）［http://www.mhlw.go.jp/stf/seisakunitsuite/bunya/0000071398.html］.
5) 厚生労働省，"臨床研究法"（2017）［http://www.mhlw.go.jp/stf/seisakunitsuite/bunya/0000163417.html］.
6) 科学技術振興機構，"研究公正ポータル"［http://www.jst.go.jp/kousei_p/index.html］.

4・7 研究室でできること 101

7) 山崎茂明，“パブリッシュ・オア・ペリッシュ”，みすず書房（2007）.

8) 山崎茂明，“科学論文のミスコンダクト”，丸善出版（2015）.

9) 村松秀，“論文捏造”，中央公論新社（2006）.

10) N. H. Steneck, 'Fostering integrity in research: Definitions, current knowledge, and future directions', *Science and Engineering Ethics*, **12**, 53-74（2006）.

11) The National Academies of Sciences, Engineering, and Medicine, "Fostering integrity in research"（2017）[https://www.nap.edu/catalog/21896/fostering-integrity-in-research].

5

社会との関係

5・1 研究者と社会との関係

　研究活動の多くは直接的，あるいは間接的に社会からの支援を受けている．そのため，研究者は社会とのつながりをさまざまな形でもつことになるが，その際には，これまでに解説した科学者の行動規範（第1章を参照）を心に留める必要がある．また，社会から見える科学研究とは，日本人のノーベル賞受賞や，宇宙開発といった話題，あるいはコンピューターや自動車を支える技術など，いずれも科学研究の成果から二次的に得られた，目に見えるものである．"科学研究"という言葉に対する研究者と社会とのイメージのずれは，しばしば研究者が社会と交流しようとする際の障害となる．もちろん，和文の科学誌や新聞の科学欄のように，研究者の実際の活動やその内容を一般向けに紹介する媒体もあるが，テレビや一般紙の報道と比べると量的に大きな差がある．ノーベル賞受賞者の研究内容は知らないが，その人となりは知っているという人は多いだろう．

　研究者の認識する自然科学とは，成果というよりはむしろ過程であり，問題解決において人類に多大な収穫をもたらしてきた考え方のことを意味する．しかし，社会が受止める科学とはその成果であることから，先端兵器の開発や環境破壊といったネガティブな印象を与える事例が注目される場合には，自然科学全体が危険視されてしまう．包丁が時には殺人の道具となってしまうように，自然科学もまたそれを活用する人間の心がけ次第と考える研究者は多いが，そうした価値中立的な科学観が，社会に無条件で受入れられているわけではない．

　一方で，科学研究の成果はインパクトが大きいために，科学的な取組みには間違いがないという社会の信頼もある．これを悪用するものが疑似科学であるが，そこでは科学的な検証を経ていない仮説や，検証の結果誤りとされている

仮説が，グラフや専門用語を駆使して提供される．このようなやり方で社会から信用を得ようとすることは詐欺的であるが，数多くの疑似科学ビジネスをくまなく調べて，これらすべてを科学者が批判するということは実際には難しい．科学者の社会との交流，あるいは教育を通じて，科学的な考え方に対する理解を広げることは，疑似科学によって社会が被る損害を防ぐことにもつながるだろう．

　科学研究は人類の文化の一つという側面もある．生命の不思議さや，人間の想像を超える自然の姿を明らかにすることは，私たちの好奇心を刺激し，感動を喚起するものである．科学者はこうした人類の文化の担い手であるということも忘れないようにしたい．

5・1・1　研究成果の誇大広告

　科学研究，特に基礎研究の領域では，その研究費は通常は公的資金から提供される．近年，"選択と集中"という方針のもと，無審査で研究機関に配分される基盤的研究費が削減され，競争的な性格をもつ研究費が増加している．その結果，研究者は審査員にアピールする"魅力的な"研究課題を掲げることを意識するようになった．大型の予算では，研究に従事した経験のない審査員が外部有識者として申請課題の採択・不採択に大きな影響を及ぼすことがある．この場合，研究の質を評価対象にすることは難しくなるため，審査員のもつ情報に基づく個人的な評価軸や，経済効果，国の政策との整合性などが重視されるようになる．審査における観点は，同時にプロジェクトを評価する際の指標でもある．よって，大型研究では特に，どの程度経済的なインパクトがあったのか，あるいは社会から反響があったのかということが重視される．

　一つの事例として，内閣府主導のあるプロジェクトについて紹介する．ある食品企業が，このプロジェクトで実施された予備的検討を基に，高カカオチョコレートを習慣的に食べることによる脳の若返りの可能性をプレスリリースとして発表した．全国紙にもその企業の全面広告が掲載され，内閣府のプロジェクトの成果であることが紹介された．しかしながら，このプロジェクトには科学研究としてはいくつかの深刻な問題があった．たとえば，プロジェクトリーダーが開発した新たな脳の指標と脳機能との関係は学問的には検証されておらず，新たな指標の変化イコール脳の若返りとは到底結論できないこと，あるいは，試験の計画は比較対照群を設けない科学的にはずさんなものであることな

5・1 研究者と社会との関係

どが，メディアや研究者から指摘された．このプロジェクトはその後も同様に，独自の指標を用いて企業の商品の効果を評価し，その結果を報道発表した．ポジティブな結果を得た商品を擁する企業の株価は上昇し，一過性の経済的なインパクトが生まれたようである．

しかし，このプロジェクトにおける発信は一種の**誇大広告**（hype）であり，比較のために必要な対照群をあえて設けなかった点などを考えれば，いわゆるQRP に分類される研究活動である．学術的な検証のない指標を一人歩きさせることは研究者相互の信頼を裏切るものであり，ずさんな研究計画は専門家としての規範を逸脱している．結論である高カカオチョコレートの効果の科学的な検証は不十分であり，社会に発するメッセージとしては不適切である．この内閣府のプロジェクトそのものの選考は，科学者より産業界の意向が比較的強く反映しているようであるが，それが理由で関与した研究者が免責されるわけではない．

コラーゲンやグルコサミンといった健康食品の成分や，マイナスイオンやゲルマニウムなどもまた一種の誇大広告を利用して，産業化されている．一例をあげると，コエンザイム Q10 はユビキノンとしても知られる生体構成成分であるが，アンチエイジングの切り札という売り文句で，健康食品，あるいは化粧品などに配合されている．ビタミン類と比較するとコエンザイム Q10 の欠乏症はまれであり，そのためビタミンではなくビタミン様物質として分類される．コエンザイム Q10 は細胞における代謝反応に必須の成分であり，ほとんどの食品に含まれている．このため，サプリメントとしてさらに摂取することの意義はよくわかっていないが，市販品の宣伝では，高齢者や現代人は不足していることになっている．しかし実際には，アンチエイジングという効能を検証するための臨床試験は行われておらず，その効果は学術的には検証されていない．一方，コエンザイム Q10 をネットで検索すると，アンチエイジング，疲労回復，肥満解消といった売り文句で推奨されていることがわかる．コエンザイム Q10 の細胞内における働きを説明することを通じて，摂取したコエンザイム Q10 が身体全体のレベルでも同じような効果を発揮するようなイメージを醸し出している．国立健康・栄養研究所からは "健康食品" の安全性・有効性情報として，コエンザイム Q10 についても学術的な情報が提供されているが，膨大な数の宣伝サイトでの謳い文句と比較すると，学術的にはきわめて限定された効果しか証明されていないことがわかる．コエンザイム Q10 は社会において一定の知名

106   5. 社会との関係

度を獲得しているが，宣伝文句から期待されるような効用があるかどうかは学術的には不明なのである．

5・1・2　科学者の肩書きの濫用

　大学教授や医学博士といった肩書きをもつ人物の主張は，社会では信頼されやすい．ある国立大学医学部の教授は，免疫学領域で研究業績を積み重ねていたが，ある時期を境に自律神経系による免疫系の制御に関する独自の仮説を社会に発信するようになった．以前から進めていた研究では専門的な学術誌にその成果が掲載されており，国際的にも評価される研究者であったが，一方で後から主張し始めた独自の仮説に関しては学術的な検証を行うことはほとんどなかった．どちらも免疫学領域の活動であるため，この二つの違いは，専門家でなければ区別することは難しい．この教授は一般向けの免疫学の解説書も執筆しているが，そこでは免疫学教科書としての標準的な記述の中に巧みに自説が組込まれている．がんに対する標準的な治療の否定など，医療関係者が看過できないような発言も多く，治療効果が証明されていない（あるいは否定されている）代替医療[*1]の推進者と連携していた．このように，研究者として実績のある科学者があるとき転向して根拠に乏しい"活動"に邁進するケースは珍しいものではない．

　ポーリング[*2]は化学結合に関する研究でノーベル賞を受賞した偉大な科学者であるが，その晩年は"分子矯正精神医学"という自らが設定した研究領域の探究に費やされた．ポーリングは自然科学の幅広い領域でその才能を発揮したが，ライフサイエンスにおける取組みについては，その仮説をサポートする証拠に乏しく，懐疑的な見方をする研究者が多い．高用量のビタミンCには抗がん作用があるという仮説は数々の臨床試験で誤りであることが示唆されている．"分子矯正精神医学"という根拠不十分な仮説が*Science*誌に掲載された背景には，ポーリングの科学者としての地位があったことは間違いない．"分子矯

[*1]　現在，先進国において広く採用されている医療は**標準医療**とよばれるが，それ以外の医療のことを**代替医療**（alternative medicine）とよぶことがある．標準医療では，治療法の有効性を検証するための臨床試験が重視される．ほとんどの医薬品は，標的とする疾患に対する治療効果を検証するための臨床試験（治験）を実施することで，その有効性が証明されている．代替医療では臨床試験を通じた有効性の証明が行われていないものが大部分である．

[*2]　ライナス・ポーリング（Linus C. Pauling, 1901–1994）：化学者．量子力学を化学に応用し，化学結合に関する重要な発見を行い，ノーベル化学賞を受賞した．その後，地上核実験に対する反対運動によりノーベル平和賞を受賞している．

正精神医学”は現在ではいくつかの代替医療の理論的支柱となっており，後述する疑似科学分野との親和性も高い．これらはポーリングが意図したところではないだろうが，社会では思わぬ形で科学者が利用されることがある．

5・1・3　疑 似 科 学

　科学研究の成果であるという印象を与えるが，実際には適切な科学的検証を受けていない，あるいは科学的検証をパスできなかったものを，**疑似科学**という．たとえば，“磁気の力で体調を整え，心身にリラックス効果を与えます”という売り文句は，ここでさす磁気の力というものが臨床試験によって検証されていないかぎり疑似科学と考えられるが，病気平癒の御利益のあるお札が神社にあるのは疑似科学ではない．なぜなら後者は，科学研究の成果であることを主張していないからである．

　一般社会における“科学的なもの”に対する信頼を利用するという意味で，疑似科学は学術活動ではなく，本質は経済活動であることが多い．疑似科学には明らかに問題のあるものから，グレーゾーンまで幅がある．ある仮説の科学的検証を自らの研究課題として公的な競争的資金を獲得しながら，同時にその確立していない成果をベースにベンチャー企業を立ち上げるといった活動も，近年ではよくみられる．疑似科学の推進に手を貸すことが望ましくないことは当然であるが，意図せず疑似科学の枠組みの中に取込まれることがないよう気をつける必要がある．ここでは，よく知られた疑似科学の例として代替医療の一つであるホメオパシーを取上げる．

　ホメオパシーはドイツの医師のハーネマン＊により19世紀初頭に提唱された治療法であり，類似したものは類似したものを治癒するという考え方に立ち，疾患の原因，あるいは関連するものを水で高度に希釈したものを砂糖にしみ込ませたもの（レメディーとよばれる）を医薬品の代わりに使用する．希釈の程度が大きいほど効果があるとされ，計算上は元の物質が1分子も含まれていないと考えられるものが，ホメオパシーの治療薬としては高く評価される．希釈が重要視される背景には，水には元の物質の情報が残存し，それは希釈するほど純化されるという考え方がある．ホメオパシーは，患者から血液を抜くという“瀉血”が有効な治療法として重視されていた時代に提唱された治療法であ

＊　ザムエル・ハーネマン（Samuel Hahnemann, 1755-1843）：医師．“オルガノン”を著し，ホメオパシー療法を発案した．

り，本質的に無治療に近いホメオパシーの方が，瀉血よりよい成績を収めることも当時はしばしばあったと思われる．現代科学の知識をもつものから見れば一見荒唐無稽な治療法であるが，だからといって学術的に放置されているわけではなく，ホメオパシーを対象とした標準的な臨床研究も行われている．それらを取りまとめた論文では，いわゆる偽薬（プラセボ）とレメディーとの差は認められないという結論が報告されている．

希釈すると効果が高まるという考え方は，水が物質のオーラや波動を記憶するという表現で科学的に紹介されることが多い．波動というキーワードに説得力を与えるために量子力学などがもち出されることもある．*Nature* 誌は，有名な免疫学者であるベンベニスト*によって投稿された，ホメオパシー理論をサポートする論文を 1988 年に採択した．この論文ではアレルギー反応に関与するヒトの白血球を用いて，希釈によりアレルゲンとなる物質が計算上 1 分子も含まれない状態においても，希釈前と同様に起炎物質の放出が起こるということが示された．ベンベニストは，溶けていた物質の構造を水が記憶するというメカニズムを主張した．当時の編集長は科学的な議論を起こすことが狙いだったと語っているが，*Nature* は商業誌であり，戦略的な話題づくりという見方もある．この論文は，ただちに数多くの科学者による批判を集め，いくつかの研究室で実施された追試により再現性がないことが確認され，最終的には *Nature* の編集部の判断で撤回された．しかしながら，今も *Nature* 誌への掲載をもってホメオパシーの理論的根拠とする宣伝は後を絶たず，論文の撤回を紹介する記事においても，ホメオパシーの有効性を証明する研究が製薬企業と結託した科学者によって潰されたという陰謀論が唱えられることがある．

標準的な医療に対して代替医療という言葉があるが，その多くは治療法としての有効性が検証されていない，あるいは検証した結果，有効性が認められなかった"失敗した医療"である．第 2 章で述べたように，有効性があるかどうかはヒトを対象とした臨床試験を通じて，統計学的な手続きによって検証される．そうしたテストを経ていない，あるいは落第した治療法が，医学的，あるいは科学的な雰囲気をまとって，病気に苦しむ人たちに近づく．標準的な医療を忌避し，ホメオパシーを採用することによって，国内でも乳児やがん患者の死亡事件が発生しており，日本学術会議はホメオパシーの治療効果を否定する

---

* ジャック・ベンベニスト（Jacques Benveniste, 1935-2004）：免疫学者．アレルギー応答を惹起する生理活性分子の研究がよく知られている．

会長談話を 2010 年に発表している.

5・1・4 欺瞞的な起業

　セラノスはエリザベス・ホームズ*により 2004 年に創業された診断事業の
ベンチャー起業である. ホームズは, 指先からわずかの血液を採取することで
疾患や体質の診断ができるという新たな機器 “エジソン” を開発し, これを武
器に莫大な投資資金を集め, 一時は推定企業評価額が 1 兆円に達するという大
成功を収めた. ホームズは 10 以上の特許を取得したが, “エジソン” の原理は
学術論文として発表されることはなく, 関連する領域の研究者のなかには懐疑
的な意見を述べるものもいた. その後, 実際の血液診断の多くは, “エジソン”
ではなく, 他社の診断機器を用いて実施されていることが告発され, 2016 年に
は臨床検査の免許を取消された. セラノスの成功には, オバマ大統領にも招待
を受けたというホームズの人脈が大きく影響している. 一方で, 科学者による
“エジソン” に関する学術的な懸念の表明は, 高まる投資家の熱狂の中, 真剣に
取上げられることはなかった.

　企業のもつ新技術に対する評価は, 学術的なものよりも, むしろ投資対象と
して適切かどうかという価値観で判断されることがある. セラノス社内におい
ても何人かの科学者が “エジソン” の欺瞞を訴え, ホームズのもとを去ってい
るが, 元社員という利益相反 (機密保持の義務) がある状況で, 社会に対して
どの程度強く警告すればよいのかは難しい問題である.

　科学者はどのようなスタンスで社会との関係をもてばよいだろうか. いろい
ろな事例を基に議論することが大切であるが, 最も重要なことは “専門家とし
ての責任を果たす” という意識である.

　自らの専門性のある領域については正確な情報発信を心がけることが大切で
ある. 正確さには二つの側面がある. 一つ目は, わかりやすさを優先するあま
り, 科学的な正確性を損ねてはいけないということである. メディアとの関係
の中では, しばしば科学者の発信が不適切な形で要約されたり, 切抜かれたり
する. しかし, こうした際にも粘り強く丁寧に説明を続ける努力を継続するこ
とが大切である. もう一つは, 専門性が高いことを悪用して, 非専門家を欺く
ようなことをしてはいけないということである. 社会からの支援を得るために,

---

　*　エリザベス・ホームズ (Elizabeth Holmes, 1984-): 医療ベンチャー企業であるセラノス
　　(Theranos) を創業し, 巨額の投資資金を集めた.

その研究の有用性を主張しなければならない状況はあるが，途方もない夢物語が近い将来実現するような話は慎むべきである．同じ領域の専門家がいれば，自分の主張をどう感じるだろうかという客観的な視点を失ってはいけない．そして，自らの専門領域において，これを悪用するような活動があれば，声をあげなければいけない．専門家の欺瞞を指摘できるのは，同じ分野の専門家だけであり，これを看過することは，最終的には社会に大きな損害を与えることにつながるからである．

5・2 社会における研究者の役割

科学研究という“営み”は，元来，知の探究として行われるものであり，社会的価値とは切り離されたものであったが，現代社会においては，その科学研究の“成果”が社会に利用可能であることから，その応用的価値を期待する集団（国家，企業など）が科学者の研究活動を支援している．

科学研究の成果が人類の健康と福祉，および社会の発展に多大な貢献をしてきたことについては，医療，通信，エネルギーその他いかなる分野をとってみても今日の発展を見るに明らかである．しかし，過去には科学研究の成果が社会に負の影響を与えたことが何度もあった．科学は社会を豊かにすることもできるが，それを破壊することもできるのである．科学に携わる者はこのことを知り，自らの研究成果が，決して人類の健康・福祉と健全な社会活動を毀損するために使用されないように留意する必要がある．

近年わが国では，科学と技術とを合わせて“科学技術”とよぶことも多い．研究者とよばれる人のなかにも，真理の追求を第一とする“科学者タイプ”から，実用的なものを創り出すことを目的とする“技術者タイプ”まで，さまざまな立ち位置がある．研究成果が社会に不都合な影響を及ぼした場合，科学者タイプの研究者は“私は原理を見つけただけ”，技術者タイプの研究者は“より高性能なものをつくっただけ”といった，言い訳ともとれる言動をしがちである．しかしながら，自らの研究の先には社会が存在していることを自覚し，射程の長い思考に基づいた言動をとるべきである．

昭和の高度成長期は，科学技術の発達と同期していたが，科学が社会に及ぼす負の側面については，一般社会はすでに気づいていた．たとえば，当時の子供向けヒーローもののテレビ番組では，高度な科学技術をもった科学者が，世界征服を企てる悪の組織の手先として働くといったプロットが多くみられた．

5・2 社会における研究者の役割　　　111

　これらは，科学技術が悪用される危険性についての社会からの警鐘であり，社会がもつ科学への恐怖感の表れでもあった．今日，科学技術はさらに発展し，複雑化，細分化した．科学者であっても全体像を把握することは容易ではないことから，昭和の時代のように単純なストーリー立てによって，わかりやすく“善い科学”と“悪い科学”を区別することがもはや困難になっている．生殖医療や，臓器移植，再生医療，出生前を含む遺伝子診断などは，善・悪を直感的に判断しがたい倫理の領域に踏み込みながら，現在もどんどん研究が進展している．社会による倫理的判断がいまだなされていない分野，領域にこそ，研究者自身による判断（時としては自制）が重要である．その判断をするうえで，以下に述べるような過去の反省すべき事例を学習することは有益であろう．

5・2・1 オウム真理教地下鉄サリン事件

　1995年3月20日朝，東京中心部の地下鉄で，宗教団体オウム真理教の信者が神経毒であるサリンを撒き散らし，13人が死亡，6千人以上が負傷した．負傷者のなかには後遺症により，その後の生活に大きな支障が出た方も多い．この事件は，麻原彰晃＊を教祖とするカルト教団が，政府転覆を狙って行ったテロである．オウム真理教は，以前より有名大学で布教活動を行い，積極的に若い科学者を入信させていた．教団内に医師，化学者，生物学者からなる組織を形成し，その中でテロ兵器としてのサリンやボツリヌス毒素などの製造を行っていた．この事件で，サリンの製造，散布に直接関与し逮捕された教団信者のうち，13人の死刑が執行され，その他も無期懲役などの重い刑に服している．

　本事件で驚くべきことは，科学研究者あるいは医師としての訓練を受けた者が，殺人を意図して毒物を製造し，実際にそれを使用して目的を果たしたことにある．オウム真理教は，比較的若いナイーブな研究者にターゲットを絞り，研究環境への不満や将来に対する不安につけ込み，宗教的に洗脳した．信者の多くは強い理想主義をもっており，現実を忌避するうちに徐々に社会との接点を失っていったと考えられている．しかし，科学に携わる者は，他人の生命および財産を毀損することを目的として，その専門知識や技術を使用してはならない．自らの，あるいは自らが信じる宗教的な価値観は，科学を濫用することの免罪符とはならないのである．

　＊　麻原彰晃（本名: 松本智津夫，1955-）: 旧オウム真理教の教祖．サリン事件など同教団がひき起こした多くの罪に問われ，死刑が確定．

112   5. 社会との関係

5・2・2　マンハッタン計画

　他人の生命および財産を毀損することを目的とした集団的行為が正当化される場合がある．それは戦時である．第二次世界大戦中に，米国を中心とする連合国側が原子爆弾の製造を目的として大規模に実施した研究プロジェクトがマンハッタン計画である．このプロジェクトは1939年に，亡命ユダヤ人物理学者のシラード[1]の求めによってアインシュタイン[2]が署名した"アインシュタイン-シラードの手紙"が，当時の米国大統領ルーズベルト[3]に宛てて送られたことに端を発する．その手紙には，核分裂反応が兵器として応用可能であること，およびドイツがすでにそのことに気づいていることが示唆されていた．1942年には原子爆弾開発のプロジェクトが開始され，3年間で約20億ドルの資金が投下された．ニューメキシコ州ロスアラモスに設置された研究所には，オッペンハイマー[4]をリーダーとして，ベーテ[5]，フェルミ[6]，フォン・ノイマン[7]，ファインマン[8]など超一流の物理学者たちが集められた．このように世界の頭脳と豊富な資金が集中投下されたことによって，早くも1945年7月には初めての核実験に成功し，その翌月には広島，長崎に相次いで原子爆弾が投下され，約20万人が死亡した．

　終戦後，"原爆の父"ともよばれたオッペンハイマーは，原爆が使用されたことに罪の意識をもち，その後の核開発に反対の立場をとった．また，アインシュタインやベーテも，この過ちに対する深い悔恨の念を表明した．逆に，原爆投下は戦争を終結させるために役立った，あるいは，たとえ連合国が原爆を開発しなくとも，いずれドイツあるいはわが国がそれを開発しただろうという指摘

---

*1　レオ・シラード（Leo Szilard, 1898-1964）：ハンガリー出身の米国の物理学者．

*2　アルベルト・アインシュタイン（Albert Einstein, 1879-1955）：ドイツ出身の物理学者．相対性理論を打ち立てた．"理論物理学に対する貢献，特に光電効果の法則の発見"により，1921年ノーベル物理学賞受賞．

*3　フランクリン・ルーズベルト（Franklin D. Roosevelt, 1882-1945）：第32代米国大統領．

*4　ロバート・オッペンハイマー（J. Robert Oppenheimer, 1904-1967）：米国の物理学者．業績としてボルン-オッペンハイマー近似など．

*5　ハンス・ベーテ（Hans A. Bethe, 1906-2005）：旧ドイツ領フランス生まれの米国の物理学者．原子核反応理論への貢献により1967年にノーベル物理学賞を受賞した．

*6　エンリコ・フェルミ（Enrico Fermi, 1901-1954）：イタリアの物理化学者．後に米国で活躍．放射性元素の存在証明により1938年ノーベル物理学賞受賞．

*7　ジョン・フォン・ノイマン（Johannes L. von Neumann, 1903-1957）：ハンガリー出身の米国の数学者．計算機科学の基礎をつくった．

*8　リチャード・ファインマン（Richard P. Feynman, 1918-1988）：米国の物理学者．量子電磁気学と素粒子物理学に関する研究により，1965年，朝永振一郎（1906-1979），ジュリアン・シュウィンガー（Julian S. Schwinger, 1918-1994）とともにノーベル物理学賞受賞．

も存在する. ファインマンは, その著書*でロスアラモスでの楽しい研究生活について天真爛漫につづっており, 悔恨の念にとらわれた多くの同僚の態度とは対照的であった.

いざ戦争が始まれば, 科学者が国家によって動員され, このような環境に否応なく放り込まれる可能性を否定することはできない. そのとき, あなたはどのように振舞うであろうか.

5・2・3 デュアルユース問題

一つの研究成果が, その目的によって異なる複数の用途があることがしばしばある. 特に, 民間での活用（民生利用）と軍事利用の両方の使い道があることを**デュアルユース**とよぶ. たとえば, 原子力にかかわる技術は, 発電に使えば民生利用であるが, 上記マンハッタン計画で開発された原子爆弾は, 実際に大量破壊兵器として軍事利用された. カーナビゲーション技術の基である全地球測位システム（global positioning system, GPS）は, もともと米国の軍事技術として開発されたものが, 民生に転用されたものである. 一般的には, 研究成果が民間で活用されれば"便利になった"と賞賛され, 逆に兵器として軍事利用されれば"怪しからん"と非難されることがほとんどであろう. デュアルユース問題は, 科学を戦争に利用しないようにするにはどうするかという問題意識から生じているが, その後, 軍事技術が民生利用にも有益であるというプラスの側面がクローズアップされるようになった. 科学研究そのものは中立であるので, デュアルユース技術そのものには何ら問題は存在しないが, 研究者の開発意図, 研究資金提供者の意図, 研究成果の社会における取扱いはいずれも倫理的な問題として議論が必要である.

わが国でデュアルユース問題が再燃した契機は, 2015年度に防衛装備庁が競争的研究資金として"安全保障技術研究推進制度"の公募を開始したことである. この制度によって, 戦後初めて防衛予算が大学の研究プロジェクトにも投下されることになった. また, プロジェクト当たりの予算額が他の省庁の補助金制度よりも高額に設定されていたことも注目を集めた. この制度は, "近年の技術革新の急速な進展は, 防衛技術と民生技術のボーダレス化をもたらしており, 防衛技術にも応用可能な先進的な民生技術, いわゆるデュアル・ユース技

---

* R. P. Feynman 著, 大貫昌子訳, "ご冗談でしょう, ファインマンさん（上/下）（岩波現代文庫）", 岩波書店（1985）.

術を積極的に活用することが重要"(防衛装備庁ウェブサイトより)との考えに基づいている.

これに対して日本学術会議の"安全保障と学術に関する検討委員会"は,この公募制度にも言及したうえで,2017年3月に以下の声明を発表した.

> 日本学術会議が1949年に創設され,1950年に"戦争を目的とする科学の研究は絶対にこれを行わない"旨の声明を,また1967年には同じ文言を含む"軍事目的のための科学研究を行わない声明"を発した背景には,科学者コミュニティの戦争協力への反省と,再び同様の事態が生じることへの懸念があった.近年,再び学術と軍事が接近しつつある中,われわれは,大学等の研究機関における軍事的安全保障研究,すなわち,軍事的な手段による国家の安全保障にかかわる研究が,学問の自由および学術の健全な発展と緊張関係にあることをここに確認し,上記二つの声明を継承する.(以下略)

5・2・4 科学者に求められる態度

たとえ刺身包丁であっても殺人に利用されれば凶器である.それよりもはるかに高度化・複雑化した科学技術が野放しになると,いかに危険な状況になるかについて,より深い洞察力をもつことが科学者に要求される時代が今日なのである.一方で,過剰な倫理規制は,科学そのものの自由度を下げて,科学者の行動を窮屈にし,結果としてその萎縮と衰退を生むであろう.自然科学の成果が悪用されないためには,科学者はそれを利用する人々と連携し,その使い道に関する意思決定にも関わっていくことが重要である.科学者は独り象牙の塔に閉じこもるべきではなく,象牙の塔での活動を社会一般にも積極的に公開すべきである.それによって,象牙の塔そのもののありように対して社会からの理解と承認を得られるかもしれない.あるいは将来,塔は象徴となり,その周りに多くの人々が集う解放的な広場へと変容していくかもしれない.

科学研究に携わるすべてのものは,"現在のこの社会"において"すでに割り振られた役割"をこなすだけでは不十分である."将来のよりよい社会"の実現のために"これから果たすべき役割"を自ら考え,共有し,それを担っていこうとする姿勢こそが,社会とのつながりの中で必要とされている.

5・2 社会における研究者の役割　　115

章末問題

5・1　漢方薬は国内では保険診療の対象であり，しばしば標準医療の一環として処方されるが，ヒトを対象とした治験（医薬品として承認を受けるために必要な臨床試験）が行われていないものもある．医療費が膨らむ中，保険診療の対象外にするべきという意見もある．あなたはどう考えるか．

5・2　あなたの友人はがんで余命宣告を受けている．その家族はあなたが見たところどう考えても疑似科学としかいえない怪しげな民間療法に信頼を置き，あなたの友人を標準医療から遠ざけようとしている．友人のためにあなたは何をすればよいか．

5・3　あなたは専門家としてテレビの取材を受け，ある食品成分に頭をすっきりさせる効果があるかを尋ねられた．マウスの基礎実験では，その成分が覚醒効果を示したことを知っていたので，"マウスではこういう実験結果があるので，ヒトでも似たような効果はあるかもしれない"と答えた．この対応には問題があるだろうか．

5・4　あなたは小さな研究グループを主宰しているが，来年は十分な研究費が得られそうにない．大学内の産学連携担当が，あなたの研究成果を知り，ベンチャー企業を設立することを提案してきた．あなたはその技術を産業化できる確信はないが，同意すれば補助金によって研究費の問題は一息つけそうである．失敗しても何か責任が問われるわけではないので，やってみることにした．この判断に問題はあるだろうか．

5・5　出生前胎児の遺伝子診断が可能となった．このことにより，懸念されたことは何か．また，その懸念は現実のものとなっているか．

5・6　もともと軍事開発のための研究成果が民生利用され役に立っているケースはたくさんある．どのようなものがあるだろうか．また，それは最初から民生利用を目的とした研究開発では達成が困難な成果であったかどうかについて考察せよ．

参 考 資 料

1) S. Singh, E. Ernst 著，青木薫訳，"代替医療解剖（新潮文庫）"，新潮社（2013）.
2) S. C. Kalichman 著，野中香方子訳，"エイズを弄ぶ人々——疑似科学と陰謀説が招いた人類の悲劇"，化学同人（2011）.
3) 中島秀人，"日本の科学/技術はどこへ行くのか"，岩波書店，（2006）.
4) 村上陽一郎，"科学の現在を問う（講談社現代新書）"，講談社（2000）.
5) 益川敏英，"科学者は戦争で何をしたか（集英社新書）"，集英社（2015）.
6) 防衛装備庁安全保障技術研究推進制度［http://www.mod.go.jp/atla/funding.html（2017 年 10 月 25 日閲覧）］.
7) 日本学術会議，安全保障と学術に関する検討委員会，"軍事的安全保障研究に関する声明"（2017 年 3 月 24 日）.

索　　引

あ　行

IF→インパクトファクター
iPS 細胞研究所　86
アインシュタイン, A.　112
アカデミックハラスメント　44
RA　48
RCR→責任ある研究活動
α エラー　36
安全保障輸出管理　47

意匠権　67
一般化　32
イノベーション　3
因果関係　30
インパクトファクター　65, 90
インフォームドコンセント　47

疑わしい研究活動　76

AMED→日本医療研究開発機構
H-指数　65
エディター（論文の）　63
FFP　71, 77
MSDS→化学物質安全性
　　　　　　データシート

ORI→研究公正局
オウム真理教　111
オーサーシップ　77
オッペンハイマー, J. R.　112
オネストエラー　80
オープンイノベーション　26
オープンレビュー　64

か　行

懐疑主義　6
改ざん　72
介　入　32

科学技術振興機構　97
化学物質安全性データシート
　　　　　　　（MSDS）　45
学位論文　57
学術論文　57
化審法　45
仮説検定　36
学会紀要　57
学会発表　54
カーネマン, D.　40
カルタヘナ議定書　46
管理責任　8

偽陰性→β エラー
疑似科学　103, 107
技術移転機関　67
ギフトオーサー　77
ギフトオーサーシップ　59
帰無仮説　36
却下（論文の）　63
客観性　7
QRP→疑わしい研究活動
偽陽性→α エラー
共有性　5

組換え DNA 実験　46
クーン, T. S.　30

ゲストオーサー　77
結果（論文の）　60
研究公正局（ORI）　81, 93
研究公正ポータル　97
研究室配属　15
研究成果　52
研究テーマ　17
研究不正　71
検　収　48
原著論文　57

コヴァック, J.　5
考察（論文の）　61
公正性　8
口頭発表　55
公表バイアス　40
交　絡　32

ゴーストオーサー　78
ゴーストオーサーシップ　59
誇大広告　104

さ　行

再現性　2, 38
再審査（論文の）　63
採択（論文の）　63
ザイマン, J.　9
査　読　57
査読者（論文の）　63
サラミ出版　59, 78
参照文献（論文の）　61
3 た論法　32
散布図　37

JST→科学技術振興機構
JSPS→日本学術振興会
シェーン, J. H.　72
COI→利益相反
自己盗用　78
実験ノート　21
実験の部（論文の）　60
実用新案権　67
指導者　41
主　題　29
出版後査読　66, 94
出版バイアス　40
CUDOS　4
序論（論文の）　60
シラード, L.　112
新規性　2
信頼区間　37

図式化　28
STAP 細胞事件　81
スチューデントの t 検定　34
ストルチコフ　59
スピン　78

誠実さ　8
責任ある研究活動（RCR）　9, 77

索　引

責任著者　59
説明責任　8
選択バイアス　32

相　関　30
総　説　57

た　行

第1種の過誤→αエラー
代替医療　106
第2種の過誤→βエラー
対立仮説　36
ダーウィン，C. R.　53
多重投稿　59, 78
多様性　3

地下鉄サリン事件　111
治　験　87
知的財産　66
著作権　67

DRP→有害な研究活動
TA　48
ディオバン事件　34, 87
ディスカッション　21
テクニカルターム　21
デジタル実験ノート　25
テーマ　29
デュアルユース　48, 113
電子ノート→デジタル
　　　　　　実験ノート

統計学　33
動物実験　46
動物実験の3R　46
盗　用　75
特化則　46
毒劇法　45
独創性　3
匿名化　47
特　許　67
特許権　67

な　行

内部告発　95

二重盲査読　64
日本医療研究開発機構　97
日本学術振興会　97
ニュートン，I.　5
認知バイアス　39

ネガティブデータ　52
捏　造　71

ノイマン，J. L. von　112

は　行

バイアス　39
バーネット，F. M.　6
ハーネマン，S.　107
PubPeer　94
PubMed Commons　95
パラダイムシフト　29

ピアレビュー　10, 57
ピアレビューシステム　63
PLACE　9
p　値　36
p値ハッキング　37
ビッグデータ　35
筆頭著者　59
標準医療　106
剽窃→盗用
開かれた態度　8

ファインマン，R. P.　112
ファラデー，M.　1
フェルミ，E.　112
フック，R.　5
普遍性　6
フランクリン，B.　1
プレスリリース　53
分子細胞生物学研究所　84

米国科学アカデミー　95
βエラー　36
ベーテ，H. A.　112
ヘルシンキ宣言　46
編集者（論文の）→エディター
ベンベニスト，J.　108

防衛装備庁　113
放射線障害防止法　45

ポスター発表　55
ポスドク1万人計画　90
ポパー，K. R.　7
ホメオパシー　107
ポーリング，L. C.　106

ま　行

マクスウェル，J. C.　1
マートン，R. K.　4
マンハッタン計画　112

見かけの相関関係　31
ミスコンダクト　71

無私性　6

メタ解析　37
メダワー，P. B.　6
メンター　17

や〜わ

有意水準　37
有害な研究活動　76

ライプニッツ，G. W.　5
ラボマニュアル　20
ランダムな分布　39

利益相反（COI）　68, 78, 89
Retraction Watch　94
リバイス（論文の）　64
臨床研究法　88, 97
臨床試験　87

ルーズベルト，F. D.　112

レメディー　107

労働安全衛生法　46
論　文　57
論理性　26

わら人形論法　29

田中　智之
1970 年　京都府に生まれる
1993 年　京都大学薬学部 卒
岡山大学大学院医歯薬学
　　総合研究科（薬学系）教授を経て
現 京都薬科大学薬学部 教授
専門 生化学，免疫学
博士（薬学）

安井　裕之
1964 年　京都府に生まれる
1989 年　京都大学薬学部 卒
現 京都薬科大学薬学部 教授
専門 医薬品分析学，薬物動態学，
　　生命錯体化学
博士（薬学）

小出　隆規
1966 年　和歌山県に生まれる
1989 年　京都大学薬学部 卒
製薬企業勤務，京都大学研究員および徳島
大学 講師，新潟薬科大学 教授などを経て
現 早稲田大学先進理工学部 教授
専門 ペプチド・タンパク質科学，生化学，
　　創薬化学
博士（薬学）

第 1 版 第 1 刷 2018 年 6 月 8 日 発 行
第 2 刷 2019 年 5 月 20 日 発 行

科学者の研究倫理
—化学・ライフサイエンスを中心に—

© 2 0 1 8

著　者　　田　中　智　之
　　　　　小　出　隆　規
　　　　　安　井　裕　之

発 行 者　　小　澤　美　奈　子

発　　行　株式会社 東京化学同人
東京都文京区千石 3-36-7（〒112-0011）
電話 03-3946-5311・FAX 03-3946-5317
URL: http://www.tkd-pbl.com/

印　刷　中央印刷株式会社
製　本　株式会社松岳社

ISBN978-4-8079-0947-6
Printed in Japan
無断転載および複製物（コピー，電子
データなど）の配布，配信を禁じます．